即効対策マニュアル

著：浜田佳孝
社会保険労務士／行政書士
ユーチューバー

秀和システム

はじめに

この本は、そもそも建設業の働き方改革とは何なのかということや、この働き方改革によって何が変わるのか、働き方改革を実際にどのように自社で進めていけばいいのか、元請や下請といった立場によって、やるべきことや考えるべきことが違うこと、今後の建設業界はどうなって行くのかといったことを、これまでの私の実務経験をもとに解説しています。

建設業の働き方改革は、他の業界と比べて5年間、猶予されていたわけですが、それも2024年3月末で終わり、いよいよ改正労働基準法の適用を建設業界も受けることになるわけです。

ですので、この本は、「働き方改革」という言葉くらいしか知らないような方でも読めるように、初歩的な部分から解説しており、また、今日から実践できる方法まで述べていますので、働き方改革を実践したいと考えている経営者や人事担当者の方々にご満足いただける内容になっていると自負しております。さらに言えば、社会保険労務士などの専門家がいないような中小企業の建設業の経営者や人事担当者の方に読んでいただければ幸いです。

他にも、建設業界によくある労働基準法などの運用における勘違いにも触れており、自社の労働時間の管理などが間違っているかもしれないことに気付けるようにも配慮しております。

建設業界は、この働き方改革のターゲットになっている「時間外労働」を削減するのが難しい業界と言われています。それは、業界全体が重層下請構造になっていることや、現場で人が作業しなければならない工程が多いことなどがあるからです。最近では、無人化の施工などのお話も実際に出てきてはいますが、まだまだ多くの現場で実現するには時間がかかるでしょう。ですので、まずは、自社として、働き方改革にどう立ち向かって行けばいいのかということを明確にしていただくことが大切で、そのために必要なことはすべて掲載しました。ですので、是非、本書を読んで、働き方改革を実践していただければ幸いです。

2023年10月　浜田佳孝

［最新労働基準法対応版］

建設業働き方改革即効対策マニュアル

目次

第②章 働き方改革に関する法律で知らないと本当に損する話 047

第③章　自分の会社が置かれている現在地を知る！ 075

第④章　「下請業者」のための働き方改革達成方法 099

第⑤章 「元請業者」の働き方改革達成方法 117

第⑥章 働き方改革は難しいと考えている経営者へ 135

建設業の働き方改革ってそもそもどんなこと？

この章では、建設業の働き方改革とはそもそも何なのかを、制度を作ることになった背景や理由とともに、何となくしか知らなかった人にもわかるように解説します。また、その働き方改革に対して、取り組まなければならないことなどについても解説します。

0-1 建設業の働き方改革が生まれた背景

現代社会で「働き方改革」という言葉が聞かれるようになって久しいですが、そもそもなぜ「働き方改革」をしなければならないのか、その背景や理由をご存知でしょうか？

働き方改革は、なぜ、生まれたのか？

働き方改革は、端的にお話しますと「**一億総活躍社会**」の実現に向けた取組のことを指します。

具体的な方法としては、「**長時間労働**を減らすこと」や「一定の基準を満たす労働者に対して**年次有給休暇**の取得を義務付けること」、「正社員と非正規社員の間の不合理な**待遇差**を禁止すること」が主な内容となっています。

この働き方改革が生まれた背景としては、2015年の電通社員の過労による自殺問題が大きかったと考えています（最終的には、長時間労働による精神疾患が原因とされ、**労災認定**もされています）。この問題が大きなキッカケとなり、国として長時間労働を是正するための取組が急速に始まりました。

私たちの住む日本は欧州諸国と比べ、**年平均労働時間**が長いことや年次**有給休暇**の**取得率**が低いことなどが問題視されていました。その他にも、**高齢化社会**による生産年齢人口の減少などといった様々な問題が、課題として存在しています。

こうした中で、生産性を向上するとともに、就業機会の拡大や意欲・能力を存分に発揮できる環境を作ることが重要な課題になってきており、老若男女問わず、働く人の置かれた個々の事情に応じ、多様な働き方を選択できる社会を実現し、働く人、一人ひとりがより良い将来の展望を持てるようにすることを目指し、誰もが活躍することのできる社会の実現に向けた取組として、働き方改革が必要になります。

年平均労働時間と長時間労働者の各国比較

年平均労働時間

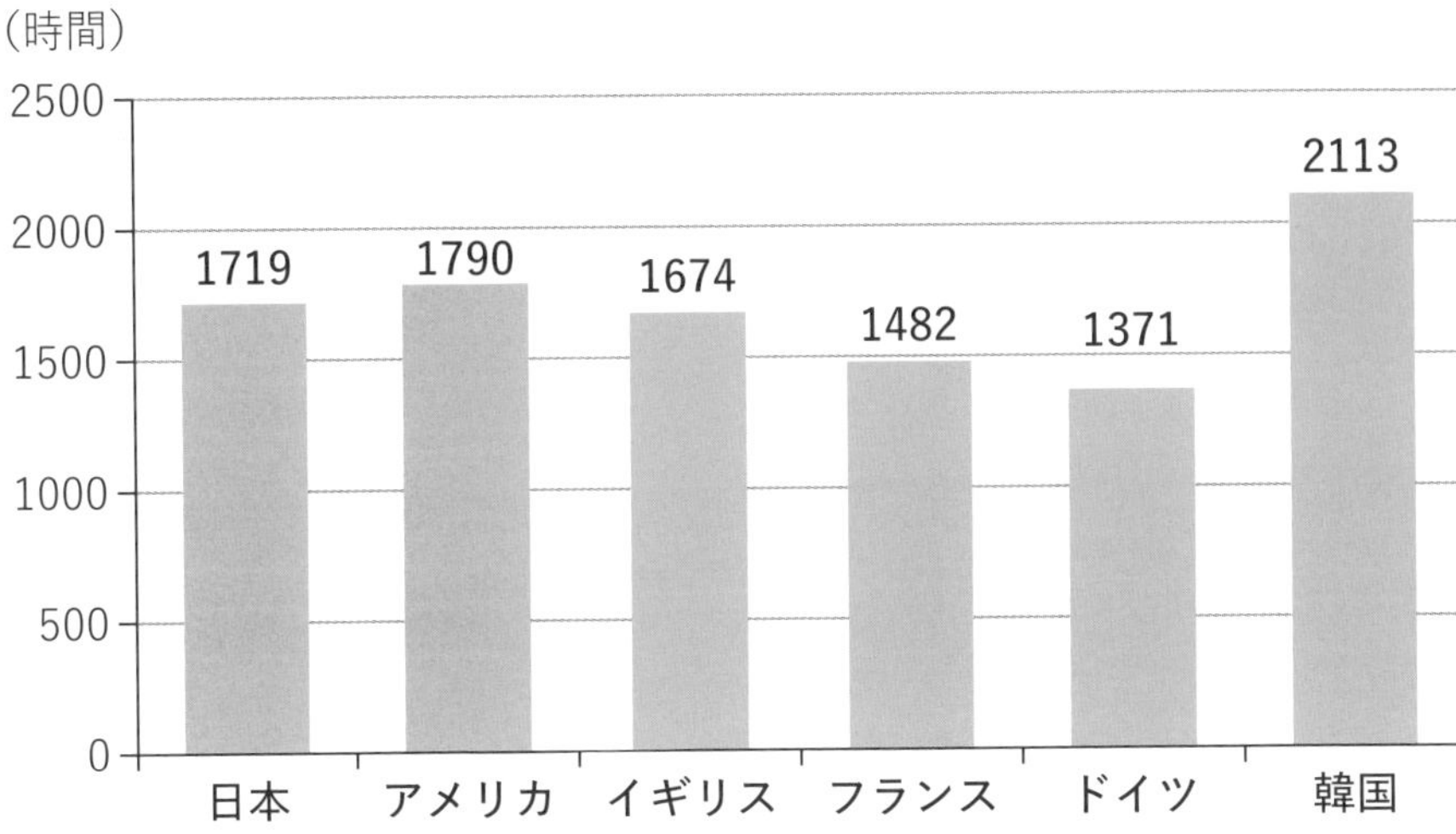

(資料出所) 労働政策研究・研修機構「データブック国際労働比較2017」

長時間労働者の構成比(週当たりの労働時間)

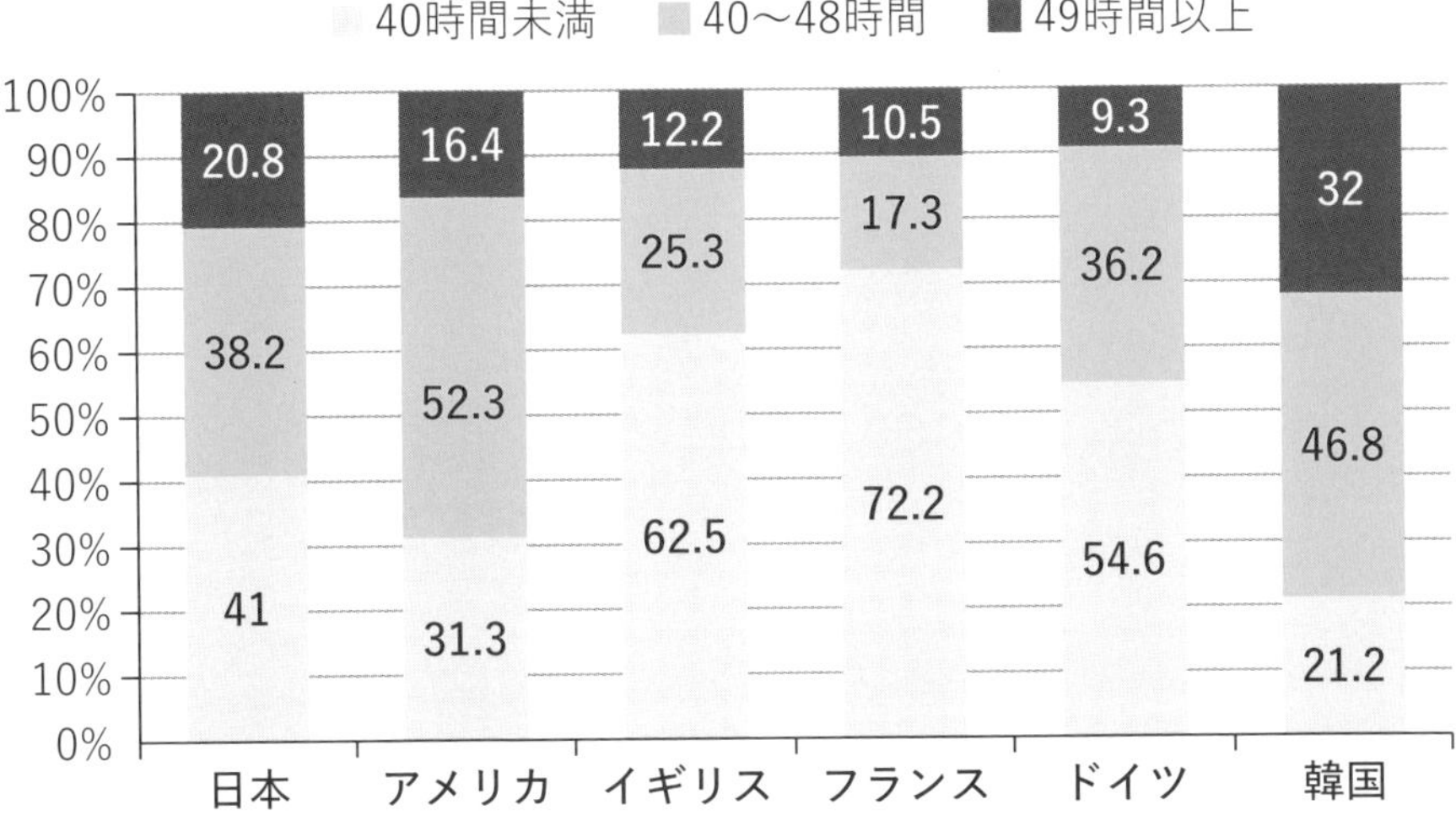

(資料出所) 労働政策研究・研修機構「データブック国際労働比較2017」、ILO「ILOSTAT Database」
(出典) https://www.mhlw.go.jp/file/06-Seisakujouhou-12600000-Seisakutoukatsukan/0000190582.pdf

0-2 建設業の働き方改革で最低限知っておくこと

建設業は、長時間労働の上限規制については、他の業界と比べて5年間猶予されていました。そして、この猶予期間が、2024年3月末で終了するため、今後の対応が非常に重要になります。

働き方改革で「最低限」知っておくべきことについて

建設業において、2024年4月から施行されるのは、「時間外労働の規制」です。左図のとおり、時間外労働については、原則「1か月で45時間、1年で360時間以内」が限度となるわけです。

時間外労働というのは、いわゆる**残業時間**のような時間外で労働することを指します。そして、前ページで触れた、「年次有給休暇の取得」や「正社員と非正規社員の間の不合理な待遇差」については、既に建設業であっても適用対象になっています。

時間外労働については、例外的に「臨時的な特別の事情がある場合」には、前述の原則以上に時間外労働をさせることができます。具体的には、年間6か月以内は、時間外労働を年720時間以下、直近2～6か月（複数月）平均では80時間以下（休日労働含む）、1か月だと100時間未満（休日労働含む）にすることができますが、あくまでも臨時的なので、年間で6か月までと年間を通じて行えるわけではないことに注意が必要です。

これまで、建設業については、使用者と労働者の間での時間外労働や休日労働をすることについての協定（**36協定**（サブロク）といいます）を結んで、届出をしていれば、特段、時間外労働などの上限はなかったのですが、2024年4月からは、時間外労働などに対して前述の時間を超えることができない仕組みになります（罰則については、後述します）。

時間外労働の上限規制とは？

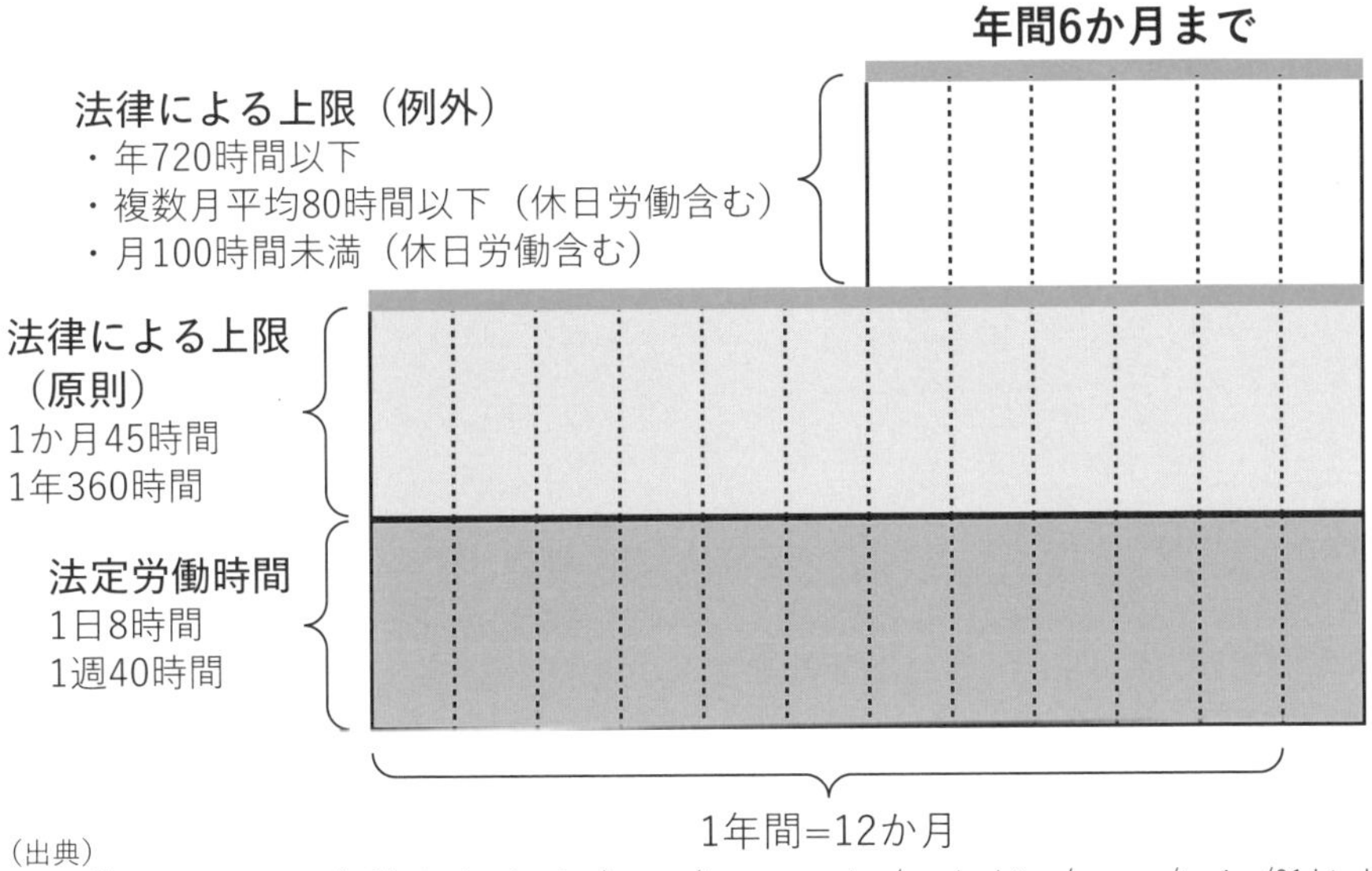

年間6か月まで

法律による上限（例外）
・年720時間以下
・複数月平均80時間以下（休日労働含む）
・月100時間未満（休日労働含む）

法律による上限（原則）
1か月45時間
1年360時間

法定労働時間
1日8時間
1週40時間

1年間=12か月

（出典）
https://www.mhlw.go.jp/stf/seisakunitsuite/bunya/koyou_roudou/roudoukijun/gyosyu/topics/01.html

36協定の締結・届出が必要な場合

労働時間の定め

労働時間・休日に関する原則

法律で定められた労働時間の限度

1日**8**時間及び1週**40**時間

法律で定められた休日

毎週少なくとも**1**回

これを超えるには、**36協定の締結・届出**が必要です。

※36協定を締結・届出せずに時間外労働や休日労働させることは違法です。

（出典）https://www.mhlw.go.jp/content/001116624.pdf

0-3 建設業の働き方改革で今すぐにやるべきこと

建設業の働き方改革の概要がわかったところで、時間外労働を削減するために、「じゃあ、どうすればいいのか？」となりますが、まず、今すぐやるべきことについてお話します。

「現状」をしっかりと把握すること！

時間外労働や休日労働が規制されることになりますので、まずは、実際の労働時間がどれくらいになっているのかを正確に把握する必要があります。ここが、まずは大きなポイントになります。

「実際」と言っているのは、私がこれまでに見てきた経験上、社長が思っている以上に、本来であれば、労働時間にカウントをしなければならない時間が多くあるからです。1日8時間しか労働させていないと話されていても、よくよく話を聞くと、8時間以上労働させているということもよくあります。つまり、社長が気付いていない、または、それが労働時間になると思っていなかったような時間が発生しているケースがあるということです。

そのため、前節でお話した時間外労働の上限に対して、現状で、どれくらいセーフラインとの差異があるかを把握することが、働き方改革への第一歩といっても過言ではありません。労働時間の詳しいお話は、第2章で詳しく述べます。

「法律」と「現状」に乖離がある場合は…

そして、この**上限規制**に書いてある「45時間」や「360時間」という時間外の労働時間と、現状の時間外の労働時間に大きな乖離がある場合については、いきなりこの乖離を「0」にするということは、現実的ではありません。

そのため、長丁場になりますが、自社の課題を洗い出し、できることを一つ一つクリアしていくことで、徐々に改善を行っていくことがとにかく大切です。建設業の働き方改革は、すぐ取り組めることはありますが、効果を実感するには少し時間がかかるかもしれません。

働き方改革は、長時間労働を減らすこと自体が目的ではなく、「社員の多様な考えを認めて、長時間労働を減らすことで、誰もが働きやすいと思える職場環境を作り、会社としても成長していくこと」だと私は考えています。だからこそ、この働き方改革を通して、会社として、どうありたいのか？　どうなりたいのか？を考えていただくキッカケになればと、私は考えています。

働き方改革の真の目的とは？

自社の労働時間

減らす必要あり

働き方改革が掲げる労働時間

ただ、減らすだけではなく

社員の多様な考えを尊重し、働きやすい環境づくりを

0-4

2024年4月から罰則規定がスタート

ここまで、建設業の働き方改革として、時間外労働の上限規制に関するお話をしてきましたが、このルールを守れなかった場合、どのようなペナルティが科されることになるのでしょうか？

これまではペナルティがなかった?!

そもそも、2024年3月末までは、時間外労働や休日労働をいくらしたとしても、**36協定**を結んだ範囲内での労働であれば、法律上、労働時間については罰せられない状態でした。ただし、**36協定**があったとしても**時間外労働**や**休日労働**に対して適切な**（割増）賃金**を支払っていなかった場合については、6か月以下の懲役または30万円以下の罰金などに処せられますので、逆に言えば、適切な（割増）賃金さえ支払っていれば、いくら働かせても労働時間については、**労働基準法**には違反しないという状態でした。

これが、2024年4月からは、先ほど見た原則の1か月45時間、1年360時間以内や、臨時的な特別の事情がある場合の1か月100時間未満もしくは直近2〜6か月平均80時間以下などの部分を守れなかった場合、6か月以下の懲役または30万円以下の罰金に処せられることになりました。臨時的な特別な事情がある場合の労働時間については、長時間の業務などによる脳・心臓疾患による**労災の認定基準**（左上図）でもある労働時間と密接に関連しており、要するに、過労死などの恐れのあるラインに達するような過重労働をさせている事業者を罰するという目的があります。

結局のところ、長時間労働は、疲労の蓄積をもたらしており、その時間が長ければ長いほど、業務の過重性が増し、身体的、精神的に負荷がかかるのです。そのため、右記のレベルで過重労働を社員にさせている企業は、改善していく必要があると言えます。

脳・心臓疾患の労災認定フローチャート

認定要件1　長期間の過重業務

労働時間（発症前おおむね6か月）

- 発症前1か月間におおむね100時間又は発症前2か月間ないし6か月間にわたって、1か月当たりおおむね80時間を超える時間外労働が認められる場合

認められる

労災認定

（出典）https://www.mhlw.go.jp/content/001004355.pdf

罰則規定が
業界に及ぼす
影響とは？

0-5 建設業の働き方改革対策のコスト

働き方改革に対応するためのコストも企業ごとに変わってきますが、どういったものがコストとしてかかるのか、また、どれくらいの金額がかかるのかについて解説します。

働き方改革には、どんなコストがかかるのか？

建設業の働き方改革といっても、各企業によって、取り組むべき内容は変わってきます。本書では、コストとしてかかりそうなものを優先的に取り上げ、また、それを例示して考えたいと思います。

では、左下の図をご覧ください。まず、これまで触れてきている労働時間について、先に解説しましょう。

大前提として、**労働時間**が、1日8時間及び1週40時間を超えた部分については、**割増賃金**を支払う必要があります。そして、時間外労働に対する**割増賃金**などの支払い方法についてですが、月給で支払われている人と、日給で支払われている人で分けて考えてみました。月給については、原則の限度時間である月45時間の時間外労働の設定にしておりますが、例題の人の場合は、適切な割増賃金を支払ったとすると、少なくとも毎月11万円以上の残業代が発生していますし、日給であっても働いた時間に応じてかなりの残業代（1日＝５，０００円）を支払うことになっています。

これが、全社員分必要になると考えると、かなりのコストがかかりますよね？　例えば、全く同じ働き方をしている社員が10人いると考えますと、毎月約１１０万円の残業代が発生するということになります。50人であれば、さらに5倍の金額となります。当然、全く同じ賃金ではないでしょうし、労働時間も異なるため、こんな簡単な計算ではないかもしれませんが、逆にそれぞれの賃金が異なる場合には、その計算方法も異なるわけですので、この**給与計算**を行う社員の手間も大幅に増えるかもしれません。正確に給与を計算するのは大変だからということで、私のような専門家である**社会保険労務士**などに**給与計算業務**を委託することも視野に入れるかもしれません。さらには、そもそもの労働時間を減らしたいと考え、会社として**業務効率化**を図るために、何かのソフトや建設機械などを取りそろえるかもしれません。

そう考えると、まじめに働き方改革に取り組もうと思えば思うほど、最初の時点で様々な手間とコストが生じることがわかると思います。しかしながら、守らなければ罰則が科せられますし、とは言っても、現在、請け負っている工事もあるでしょうから、すぐに何かを大きく方向転換することは難しいかもしれません。

今後は、いかに段取りよく、少しでも短い工期で工事を完了させるなどすることができるかといったことを検討することが、とても重要になってきます。

時間外労働の計算方法

1 月給パターン（月45時間の残業の場合）

月給（日給月給制） 32万円　※他に手当がないケース

月所定労働時間　160時間

32万円÷160時間＝2,000円（1時間あたりの賃金）

2,000円×1.25＝2,500円（25%の割増賃金が発生）

2,500円×45時間＝112,500円／月

2 日給パターン（1日2時間の残業の場合）

日給 16,000円

所定労働時間　8時間／1日

16,000円÷8時間＝2,000円

2,000円×1.25＝2,500円（25%の割増賃金が発生）

2,500円×2時間＝5,000円／日

0-6 他業種の働き方改革とどこが違うのか

建設業については、時間外労働が多いために、猶予期間が5年あったことは既に解説しています。では、他の業種と比べて、働き方改革を進めていく上で、何が異なるのかを解説します。

建設業は、専門家が関与しにくい業界

建設業の働き方改革は、他の業種と比べても、私のような社会保険労務士といった労働に関する専門家が圧倒的に関与しづらい業種だと私自身は考えています。

理由としては、建設業の長時間労働は、**建設現場**で起こっていることもあるため、そもそも現場のことを知らないと関与の方法がわからず、避けられやすいからです。もうひとつの大きな理由としては、建設業界自体が、**重層下請構造**になっていることから、下請業者に関しては、元請業者に合わせないといけないことが多く、自社だけでは、労働時間に関して、ほとんど融通が利かないことが挙げられます。

これが、建設業界以外の業界ですと、事務的な作業を減らせないか、もっと効率的な方法はないかといったことが検討しやすいかもしれません（もちろん、建設業界も事務的な作業を減らすべき部分も多くあります）が、**現場作業**を効率化するとなると、じゃあ、何を効率化するのか？　となるわけです。しかし、この問題が解決できなければ、自分の会社で働き方改革をするというのは不可能という結論になってしまうかもしれませんので、これについては、次章以降でしっかりと手法も含めて解説していきます。

注目されにくい、建設業界

トラックのドライバーや医師についても、建設業と同様に5年間の猶予がありました。そして、運送業界

や医療業界は、国民の身近な存在として、よくテレビのニュースなどでも取り上げられているのを目にしますが、建設業に関しては、ネットニュースにはなることがたまにあるものの、あまり注目されていないように私自身は感じています。これは建設業界が、人と直接的に触れ合う機会が少ないことが大きいと感じています（例えば、運送業や医師は、日頃から、荷物を運搬してもらったり、通院したりと直接触れ合う機会が多いと思います）。

しかし、建設業は、間違いなく、日本を支えている重要な産業といえますので、この働き方改革を通じて、少しでも、建設業界で働いている人が希望を持てるようになってほしいと思っています。そのためには、労働環境を変えていくことが非常に大切であり、この働き方改革を「自分ごと」として考えていただければ、と思います。

専門家の関与が難しい建設業界

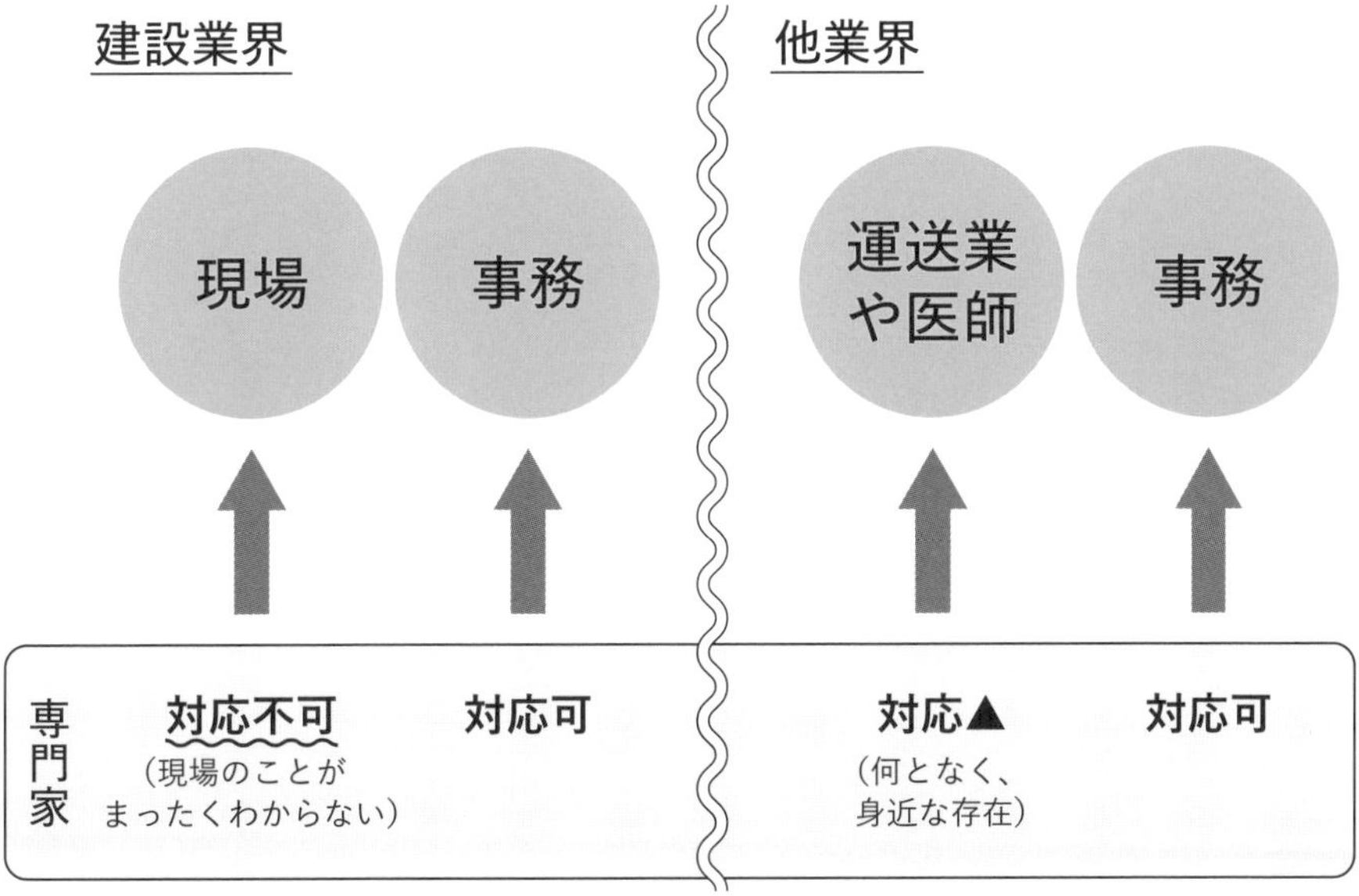

	建設業界		他業界	
	現場	事務	運送業や医師	事務
専門家	対応不可 （現場のことがまったくわからない）	対応可	対応▲ （何となく、身近な存在）	対応可

0-7 人材不足と建設業の働き方改革は表裏一体

人材不足の会社は、慢性的に従業員1人あたりの業務量が過重になってしまっていることが多く、働き方改革とは遠い存在になっていることを認識し、対策を練らなければなりません。

なぜ、人材不足と感じるのか?

私も職業上、よく「人がいない。足りない。」という相談を受けることが多いです。

では、なぜ、そもそも人がいないと考えているのか、真剣に考えたことはありますでしょうか?

人を雇うことで、万事解決しそうでしょうか? 自社の抱えている業務のどこに人が本当に必要なのか、そもそも不要な業務が存在していないかといった、現状に対する議論を社内でしたことがあるでしょうか?

もし、右記のような話をしたことがないのであれば、こちらを先行して議論することをおススメします。その上で、本当に必要な人数を算出し、採用するのがベストです。採用にもコストがかかりますし、採用してからは「**人件費**」という、決して安くはないコストがかかります。だからこそ、ここは絶対に間違えてはいけないポイントです。

そして、それでも絶対的に人がいないと何ともならないのであれば、採用するべきだと思います。とは言っても、人が来ないから困っているという声も聞こえそうですので、いくつか上手に採用ができる方法についてお話しします。

採用のプロが話す、採用の秘訣

採用において大事なこととして、まず、あなたの会社自身に興味を持ってもらう必要がありますので、経営者が積極的に情報を発信しましょう。自分たちのことを知ってもらえなければ、それは存在していないのと同じです。

今では、**YouTube**や**X（Twitter）**といった、たくさんのSNSがあります。それぞれ、動画や画像や文字というように発信方法が異なりますので、チャレンジできそうだと思った発信方法を試していきましょう。認知してもらうには時間がかかりますから、とにかく早く始めたもの勝ちです。

まずは、やってみましょう。それから、それぞれのSNSについて向き不向きを考えればいいと思います。SNSなんて面倒くさいので、手っ取り早いからといってハローワークに求人だけを出しても今のご時世では、ほぼ確実に建設会社に人は来ません。なぜなら、求職者にとってあなたの会社の情報量が少なすぎるからです。

求職者の気持ちになってみればわかるのですが、そもそも得体の知れない会社に働きたいといって申込みをすると思いますか？　私が求職者であれば、まず、ハローワークの求人を仮に見たとして、どんな会社かをインターネットで検索します。そこで、ホームページもないし、SNSもやっていなければ、その会社の情報は、ほぼ何も表示されません。そうなると、一旦、応募するのを辞めて、**ハローワーク**に求人がある他の似たような会社を探します。そして、そちらの会社には、ホームページもあり、どんな会社なのかがよくわかるようになっていたとしましょう。求職者は、まずどちらに応募したいと思うでしょうか。

あなたが求職者ならどうでしょうか？

考えてみれば、当たり前の行動だと思いませんか。

しかも、今の時代は、どこの業界も人手不足が蔓延している状態です。会社は、「選ばれる側」になっているのです。選ぶ側だとあぐらをかいている会社に人は絶対に来ないですし、仮に来たとしても、入社しないか、入社してもすぐにやめてしまうと思います。社員を大事にできない会社は、今後、生き残っていくことは難しいでしょう。

是非、今一度、採用の方法について、問題がないか考えてみてください。

そして、応募したいと思うかどうかは、求職者がインターネットを検索した先にあります。つまり、「この会社に応募したい！」と思うかどうかです。これには、経営者がしっかりとしたメッセージを送っているかどうか、また、会社の内部の情報（どんな人が働いているのか、業務の内容はどんなものがあるのか、待遇はどうなっているのか、**労働環境**は良さそうか等々）をどれだけ開示してくれているかが非常に大切です。

ここで、気を付けたいのは、悪い面を一切隠していることです。悪い面を、わざわざ**情報発信**する必要はないのですが、離職率が高い原因として多いのは、入社前のイメージと、実際の入社後の状況が全く違うような認識を社員が感じてしまうような場合です。

求職者は「思っていたのと、違う」とか、「だまされた」と思うわけです。会社として、そのつもりがなくても、採用プロセスの間に、きちんとした説明がなければ、求職者は少なくともそう思ってしまうものです。

ですから、良いことばかりを話さずに、採用のプロセスにおいて、きちんと悪い面についてもできる限り開示し、了承の上、入社してもらいましょう。建設会社なんだから、厳しいのは当たり前といった感じだと、雇用のミスマッチが起きてしまいますので、どういった労働があるのか、その辺りも事実をお話する、また、場合によっては、実際に現場を見てもらうといった手法を取ることができると思いますので、是非、実践してみてください。

採用に至るまでには、時間や費用など様々なコストがかかります。月に数万円の求人広告費を出している会社もあることでしょう。それでも、全く応募がないというようなお話もよく聞きます。このような会社の共通点は、会社の開示している情報が少なすぎることがほとんどです。大事なことなので何度もお伝えしますが、今の時代は何でも調べられるのです。ですから「調べてから応募する」という求職者の心理を踏まえた上で、採用の段取りをするようにしましょう。

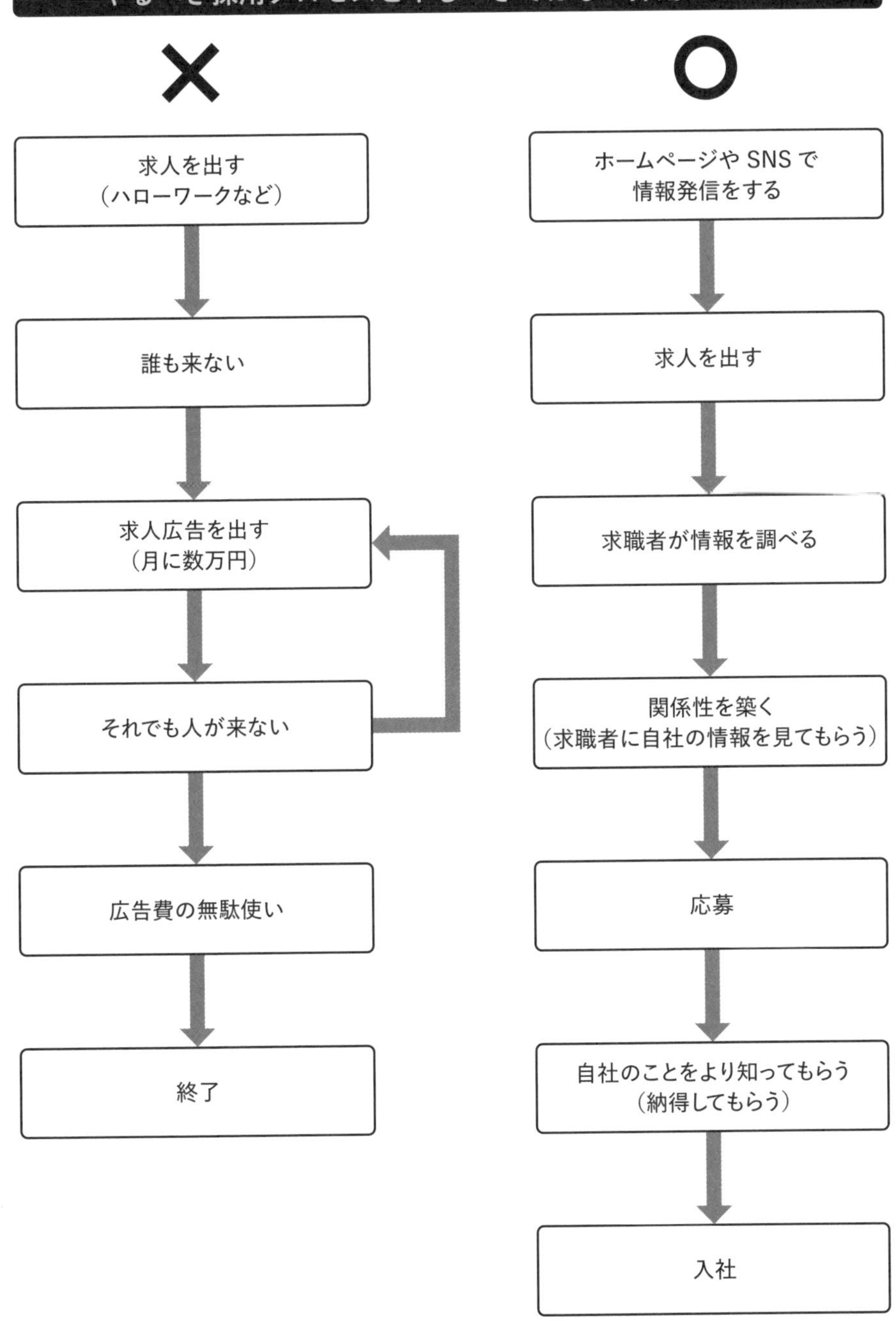
やるべき採用プロセスとやるべきではない採用プロセス
×
求人を出す
（ハローワークなど）
誰も来ない
求人広告を出す
（月に数万円）
それでも人が来ない
広告費の無駄使い
終了
○
ホームページやSNSで
情報発信をする
求人を出す
求職者が情報を調べる
関係性を築く
（求職者に自社の情報を見てもらう）
応募
自社のことをより知ってもらう
（納得してもらう）
入社

0-8 建設業の働き方改革がスタートしたら

建設業の働き方改革が2024年4月からスタートしますが、施行に備えて何を優先的にやっておくべきでしょうか？　万が一に備えてやるべきことについて解説をしていきます。

法定帳簿の整備について

そもそものお話になりますが、「**法定帳簿**」というものをご存知でしょうか？「**労働者名簿**」「**賃金台帳**」「**出勤簿**」がこれに該当し、もともと**労働基準法**などで定められており、これに、平成31年4月から「**年次有給休暇管理簿**」が追加されております。

これらは、絶対に整備しておきましょう。事業を行っていれば、**決算報告書**を必ず作成されていると思いますが、それと同等レベルで実は大切なものです。後述にありますが、労働基準監督署の監督の際にも指摘事項になりやすいので、きちんと労務管理を行っている会社という印象を持ってもらうためにも必ず備え付けるようにしましょう。

時間外労働を少しずつでも減らす

手法については、後述しますが、会社として「働き方改革に対して、真摯に取り組んでいる姿勢」を見せることは大切です。そのため、時間外労働が上限規制を上回ってしまっている会社については、少しでも減らすための努力をしましょう。

採用に力を入れる

先ほども述べましたが、働き方改革ができない理由が人手不足なのであれば、今すぐにでも採用活動を始めましょう。そして、ハローワークなどに求人を出しただけの「やったつもり」は今すぐにでもやめましょう。ハローワークに求人を出しただけで人が来るわけがないのです。また、求人広告も出しただけでは、ほとんど意味がありません。是非、求職者の気持ちになって、逆算で考えてみましょう。どういった会社であれば働いてみたいと思ってもらえるのかを、今一度考えるようにしましょう。

経営者としてのビジョンを明確に持つ

働き方改革を達成するのは困難と始めから決めつけてしまえば、何も進みません。ですので、働き方改革を達成するために自社でやるべきことは何なのか？を考えることから始めてみましょう。

経営者が、働き方改革に対する「ビジョン」を明確に持つことも、働き方改革を達成するために非常に大切になってきます。

法定帳簿の整備について

賃金台帳

賃金計算の基となる基本帳簿

- 事業場ごとに作成する必要あり
- 必須記載項目は**氏名、性別、賃金計算期間、労働日数、労働時間数（深夜・休日・残業時間を含む）、基本給及び手当額、賃金控除額**など

労働者名簿

旧工場法時代から存在する古参の帳簿

- 事業場ごとに作成する必要あり
- 労働者ごとに作成する必要あり
- 必須記載項目は**氏名、生年月日、履歴、性別、住所、従事する業務、雇入年月日、退職年月日**など

出勤簿(労働時間を記録した帳簿)

法条文には明記されていない隠れ帳簿

- 厚労省のガイドラインにより「労働関係に関する重要な書類」であると明記
- 記載項目は、**氏名、出勤日、出勤日毎の始業・終業時間、休憩時間、残業時間**など

年次有給休暇管理簿 NEW!

平成31年4月から追加された新入り帳簿

- 労働者ごとに作成する必要あり
- 必須記載項目は**取得日、付与日、日数**
- 管理簿の様式は任意のもので可
- 登場してから日が浅いため、知名度はまだまだ低い

上記帳簿の保存年限はいずれも3年間です。
規定に違反した場合には罰則が適用されることがあります(年次有給休暇管理簿を除く)。

（出典）https://jsite.mhlw.go.jp/shimane-roudoukyoku/content/contents/001308252.pdf

COLUMN

「うちは大丈夫」と思っていたら大変なことになる!

建設業の会社に多いのですが、税金に関することは結構ナイーブに感じていて、税理士などに依頼して、節税や納税をしようと考えているのに対して、社員に対しての給与計算や労働時間の管理、待遇などの労働管理については、法律を無視したような自社ルールでやっていることが非常に多いです。

そのため、上記のようないわゆる人事労務部門については、社長自身か、総務などの社員に任せていて、知識もないけど、とりあえず、これまでの経験で何となくやっているといった会社が多い印象です。

これは、税務署の税務調査は身近なものとして感じているけれども、労働基準監督署の監督はあまり身近なものとして感じていないことが挙げられると思っています。

しかしながら、労働基準監督署が来なくても、民事上のトラブルで社員から未払残業代などを請求される恐れがあるのを忘れていませんか?

先ほどもこの章の中で触れましたが、きちんと残業代を支払ってこなかった会社については、1人当たり1年で100万円以上の残業代が発生していることもあるのです。

そして、これが全社員で発生しており、もし、全員からまとめて訴えられたらどうなりますか?　おそらく、税務調査よりも怖い結果になるのではないでしょうか?　最悪の場合、倒産だってあり得ると思います。

そう考えますと、きちんと人事労務部門も機能している必要があるということになります。今後は、働き方改革によって、会社ごとの働き方が、より注目がされることになってきますので、決して軽視をせずに、きちんとした知識で管理ができているのかを、今一度社内で見直す必要があるといえます。

第1章 建設業の働き方改革に対応できていない会社が9割

建設業の働き方改革は、他の業界と比べて5年間の猶予があることが労働基準法に記載されており、2024年の4月からの施行となっています。では、なぜ、建設業界は、施行を猶予されるほど働き方改革の実現が難しいのでしょうか？　そこには、業界独特の理由が存在します。

1-1 建設業界が働き方改革に対応できない？

建設業界は、よく特殊な業界と言われますが、運送業界と類似していることもあります。ここでは、それでも建設業界が働き方改革に対応できない理由について、お話しします。

働き方改革に対応できない要因とは？

建設業界は、特殊な業界と言われ、時間外労働の規制については施行自体が他の業界よりも5年間多く猶予があり、2024年4月から施行となっています。

左図に示した円グラフは、日刊建設工業新聞社が主要**ゼネコン**35社に実施した働き方改革アンケートの内容になりますが、働き方改革への対応が非常に困難なことを示しています。現場で見ると、めどが立っていると回答したのは、土木・建築ともに1社（3％）しかなく、逆に達成困難と回答している企業は半数以上を占めていることがわかります。ゼネコンは、**生産性向上**に向けた技術開発などを積極的に行っており、**DX化**を行ってきました。にもかかわらず、達成できていないことを踏まえると、働き方改革に特効薬はなく、対策に劇的な効果は望めないということがわかります。

働き方改革に対応できない大きな要因としては、発注者側の都合による、工期の縛りがあります。例えば、○月○日までに完成してほしい、という要望があれば、それに合わせるように工程を調整する必要があり、工程が突貫工事になってしまえば、それだけ労働者に負荷をかけることになります。さらに、天候が悪ければ、どうしても**作業効率**が落ちてしまう時期があり、それでも何とか**工期**に間に合わせるために、土日関係なく働いてもらわざるを得ない事態も起こります。そうなると、**時間外労働**や**休日労働**が多発しますので、こういった事情もあって、建設業は働き方改革に対応しづらいのです。

時間外労働の罰則付き上限規制への達成状況

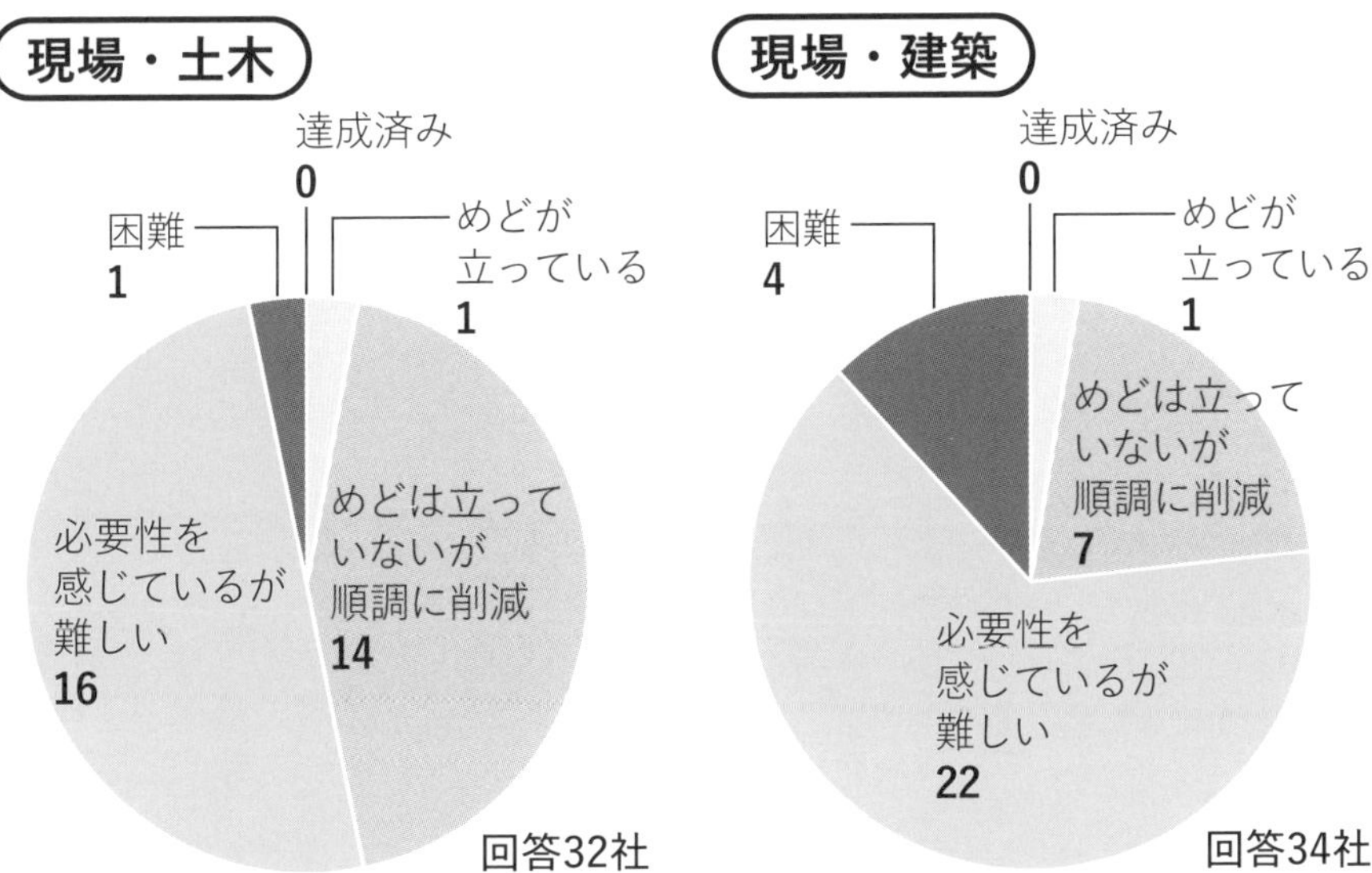

（出典）https://www.decn.co.jp/?p=152729

建設業界と他業界の労働時間の比較

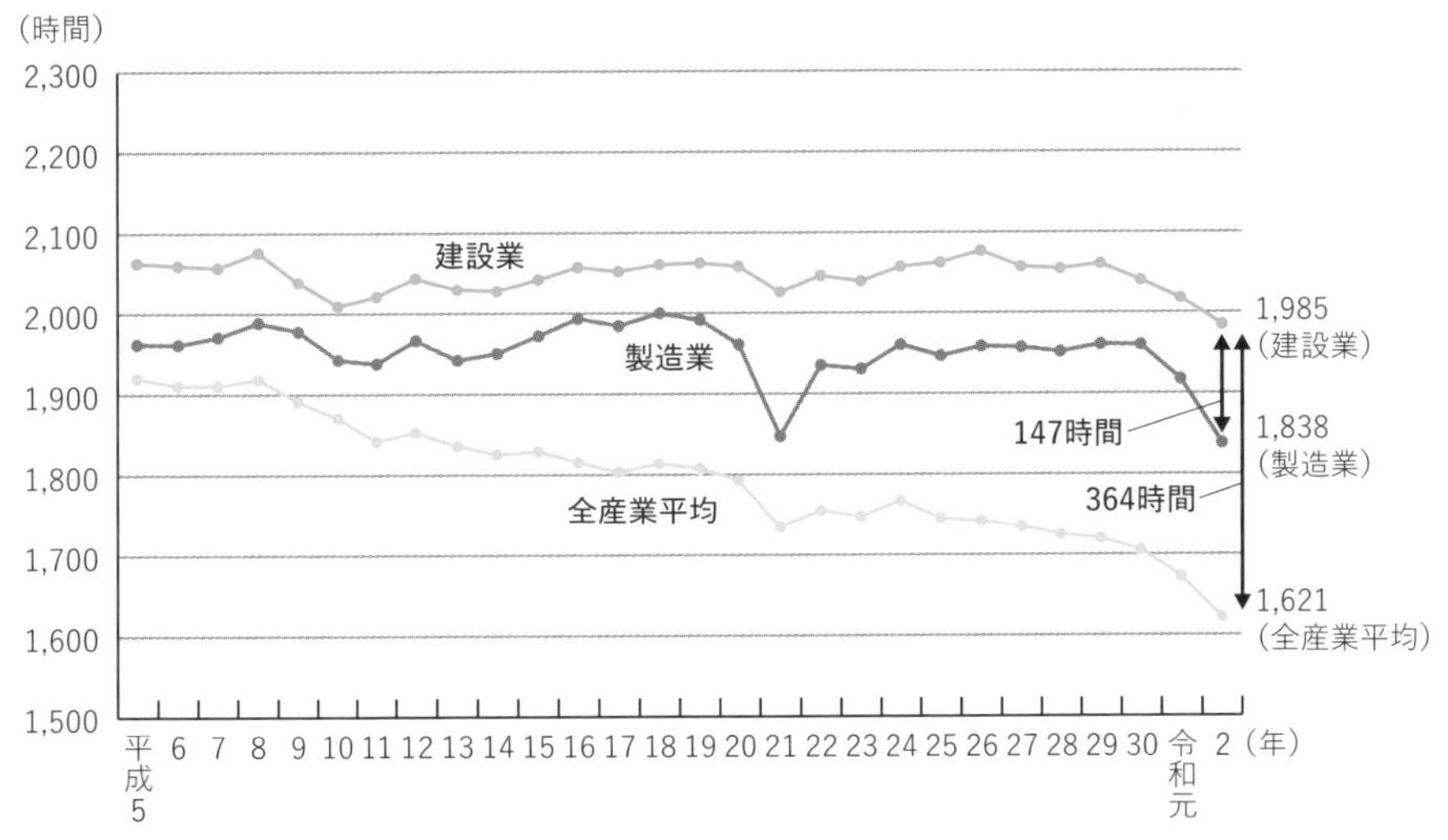

（資料出所）厚生労働省「毎月勤労統計調査」をもとに作成

（出典）https://www.mhlw.go.jp/content/11200000/000845810.pdf

1-2 建設業界は働き方改革でどう変わるのか

建設業界は、3K（きつい・汚い・危険）な業界と言われており、求職者も増えづらい傾向にあります。この働き方改革を通じて、建設業界は、どう変わるべきなのでしょうか？

変わる建設業界

建設業界では、これまでの3Kとは異なり、「**新3K**」の施策を国土交通省が打ち出しています。

具体的には、「給与・休暇・希望」という新3Kを実現するため、国土交通省直轄工事において各種モデル工事（総合評価や成績評定での加減点）などの取組を実施しています。これが、どう働き方改革と関係するのかですが、休暇面においては、**週休2日工事**を実施しており、それに伴った**労務費**となるように補正が行われています。さらに、工事の成績にも週休2日を行ったかどうかが反映されるようになっています。

そして、希望として、「**i-Construction**の推進」が挙げられており、建設現場の生産性を向上するため、必要経費の計上とともに総合評価や成績評定を加減点する「**ICT施工**」を発注しています。これらの取組によって、労働者の労働時間を軽減しつつ、給与もしっかりと支給することができれば、建設業自体が他の産業よりも、魅力的になりますので、今後も3K改善に向けた取組が行われることが期待されています。

働き方改革の本当の目的とは

これは、0章でもお伝えしましたが、働き方改革の真の目的は、**長時間労働**を減らすことではなく、「社員の多様な考えを認めて、長時間労働を減らすことで、誰もが働きやすいと思える環境で、会社としても成長していくこと」にあります。

ICTの全面的な活用（ICT土工）

- 調査・測量、設計、施工、検査等のあらゆる建設生産プロセスにおいてICTを全面的に活用。
- ３次元データを活用するための15の新基準や積算基準を整備。
- 国の大規模土工は、発注者の指定でICTを活用。中小規模土工についても、受注者の希望でICT土工を実施可能。
- 全てのICT土工で、必要な費用の計上、工事成績評点で加点評価。

【建設現場におけるICT活用事例】

《３次元測量》

３次元測量点群データと設計図面との差分から、施工量を自動算出

《３次元データ設計図》

ドローン等を活用し、調査日数を削減

《ICT建機による施工》

３次元設計データ等により、ICT建設機械を自動制御し、建設現場のICT化を実現

（出典）https://www.mlit.go.jp/common/001149595.pdf

施工時期の平準化

- 公共工事は第１四半期（４～６月）に工事量が少なく、偏りが激しい。
- 限られた人材を効率的に活用するため、施工時期を平準化し、年間を通して工事量を安定化する。

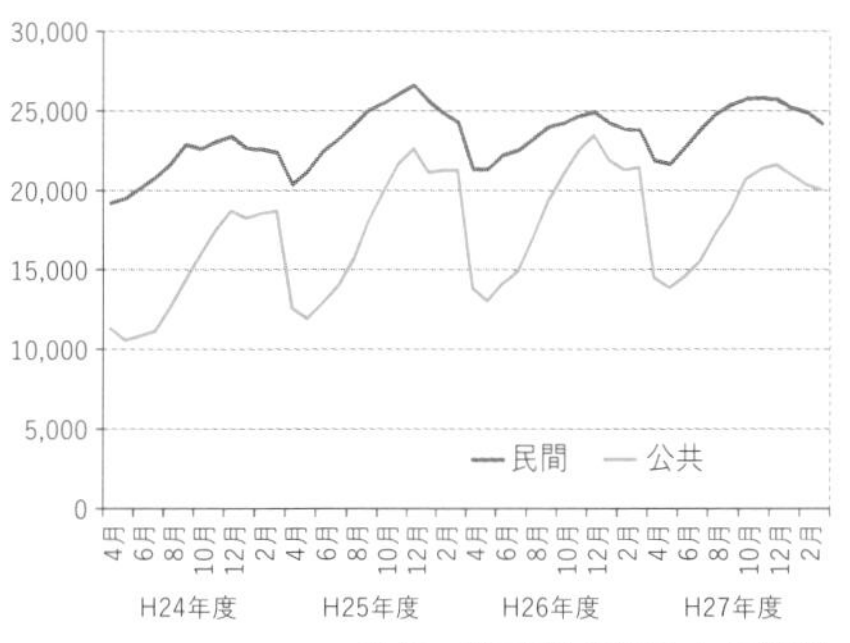

出典：建設総合統計より算出

現　状

・閑散期は仕事がない
・収入不安定
・繁忙期は休暇取得困難

・監督、検査が年末度に集中

受注者

・繁忙期は監理技術者が不足
・閑散期は人材、機材が遊休

平準化

i-Construction

・収入安定
・週休二日

発注者

・計画的な業務遂行

・人材、機材の効率的配置

（出典）https://www.mlit.go.jp/common/001149595.pdf

1-3 早く取り組むとこんなメリットがある！

働き方改革は時間外労働を減らすことが真の目的ではありませんので、もっと大きな枠で考えられる会社は大きなメリットを享受することができると考えています。

建設業の働き方改革を進めるメリットとは？

建設業の働き方改革は、会社の考えそのものを根本から変えてこそ意味のあるものであることは、これまで何度も述べてきました。

そのため、この働き方改革を率先して、取り組んでいる会社は「労働者にとって働きやすい環境を整備する取組みをしている会社」として認知されます。つまり、**コンプライアンス**（法令遵守）を重んじる会社なので、発注者や元請業者が、安心して仕事を任せることができますし、入社したい労働者にとっては、安心して働くことができるというわけです。

これにより、取引先の増加、売上（利益）の向上、求職者の応募の増加、採用後の定着（離職率の低下）といった多くの恩恵を受けることができます。

逆に、働き方改革施行後も、全く働き方改革をしていない会社には、これからの若い世代の人は、少なくとも入社したいとは思わないでしょう。今の若い世代の人は、**ワークライフバランス**を重んじる人も多いです。

そのため、労働力を確保することができず、会社を存続することすら難しくなってくる可能性があります。そして、本当に人が必要になった時には、誰からも信頼されない会社となっていることでしょう。

そうなりたくなければ、少しずつでも会社の風土を変えていく努力をしましょう！

働き方改革をしている会社が選ばれるようになる

これからの会社

- 週休２日制
- 従業員の意見も積極的に聴く
- 月給制（日給月給制）

今までの会社

- 長時間労働が当たり前（土日出勤あり）
- 従業員の意見＜社長の意見
- 日給制

※普段使われている日給月給制は、月給性のことです（詳しくは、第２章でお話しします）。

就労などに関する若者の意識

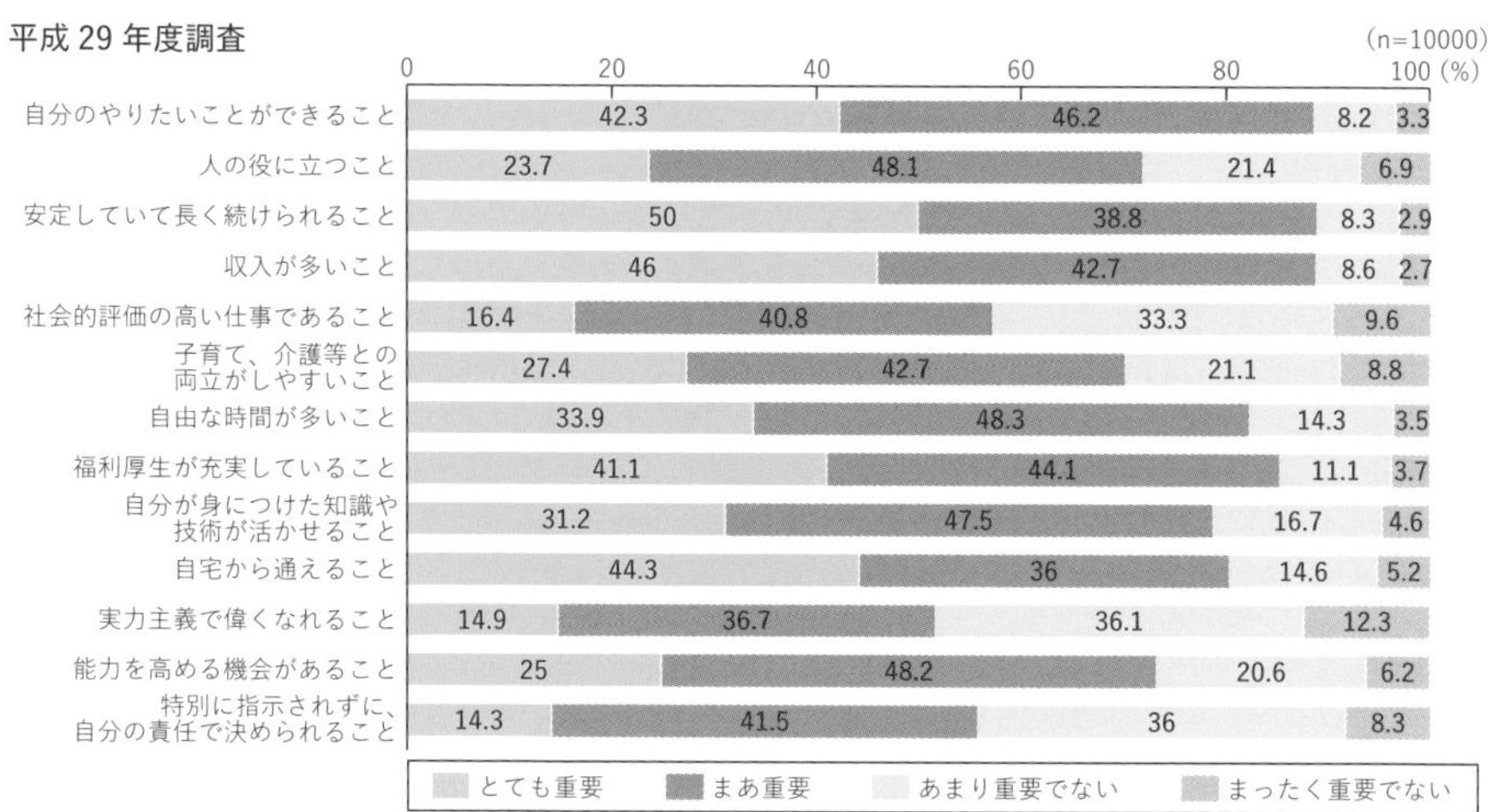

平成29年度調査は、インターネット調査会社に登録してあるリサーチモニターである全国の16歳から29歳までの男女（有効回答数10,000）を対象に、平成29（2017）年10月27日から同年11月13日までの間に実施したインターネット調査である。

（出典）https://www8.cao.go.jp/youth/whitepaper/h30gaiyou/s0.html

1-4 「周りもやってないから…」は通用する？

日本人の特性として、周りの様子をうかがう人が多いように感じます。周りもやってないから、ウチもやらないは建設業の働き方改革に通用するのでしょうか？

誰がどこで見ているかわからない

今回の建設業の働き方改革というのは、時間外労働に**上限規制**ができるというものです。

そして、これは、誰と誰の間で生じるルールでしょうか？　経営者である「**使用者**」と働き手である「**社員**（労働者）」の間で生じるルールです。そうなりますと、法律の施行後に、会社のことをよく思っていない一部の社員が、違反している事実を**労働基準監督署**にリークする可能性もあると思いませんか？

労働基準監督署が監督に動く理由の一つとして、この社員によるリークが挙げられます。労働基準監督署にいる労働基準監督官の数は、決して多いわけではありませんので、効率的に監督を行う必要があるのですが、実際にそこで働いている社員からの情報は、信頼度が非常に高いので、「監督」に来る可能性は非常に高くなります。

第2章にて後述しますが、このような形で労働基準監督署が「監督」にいきなりやって来て、実態を暴かれてしまう可能性もあるわけです。そうなりますと、周りもやってないからは通用しないことがわかると思います。当然、会社によって、働いている社員の性格は違います。それぞれの社員ごとに考えていることは異なりますから、周りも働き方改革を全然やっていないのに、なんでウチの会社だけバレたんだ…みたいなことが、いつ発生してもおかしくないのです。だからこそ、日頃から、良好な関係を築けるような社内の雰囲気づくりは非常に大切になってきます。

労働基準監督署にバレてしまう理由

労働基準法

労働契約

使用者

労働者
（社員・従業員）

労働基準法
（労働時間などを規制）

違反がある（事実がバレる）と…
労働基準監督官がやってくる可能性が高くなる！
（監督に来る）

1-5 「ウチは大丈夫！」なんてたかくくってないか？

きちんと労務管理ができていない会社においては、ウチは大丈夫なんてことは絶対にありません。これまで触れてきたこと以外にも色々と気を付けるべきことがあります。

大丈夫と思っている会社ほど危ない！

これは、私自身が、数十社見てきて感じていることなのですが、心配性の経営者ほど、しっかりと日々の労務管理などをされています。また、**残業代**などの支払いも適切にされていることが多い印象です。色々なことに気が回るからこそ、色んなことに配慮されており、結果として、それほど大きな誤りをしていないことが多いように感じます。

そして、逆に「絶対、大丈夫！」と思っている経営者ほど、かなり危ない**労務管理**をされていることが多いです。と言いますのも、労働時間に対する知識や理解が足りておらず、本来であれば、時間外労働になるべき部分に対する割増賃金を支払っていなかったり、労働者に対して**雇用契約書**などの締結をしていなかったり、社員との信頼関係があるから、基本給の支給のみで大丈夫（例として、残業代は、基本給に含んで支払っているという認識でいる）と考えている経営者もいたりします。これらは、いずれも非常に危ない労務管理を行っています。もし、こういった社員が、知恵を付けて、適切な割増賃金を支払うように請求があった場合には、どのように対応されるのか見ていて心配になります。

前述したとおり、周りの会社もやってないから、ウチも大丈夫なんてことは絶対にありません。今は、インターネットで「**未払残業代請求**」などと検索すれば、ある程度の知恵はすぐに身に付けられる時代です。今一度、自社の労務管理について考えてみてはいかがでしょうか？

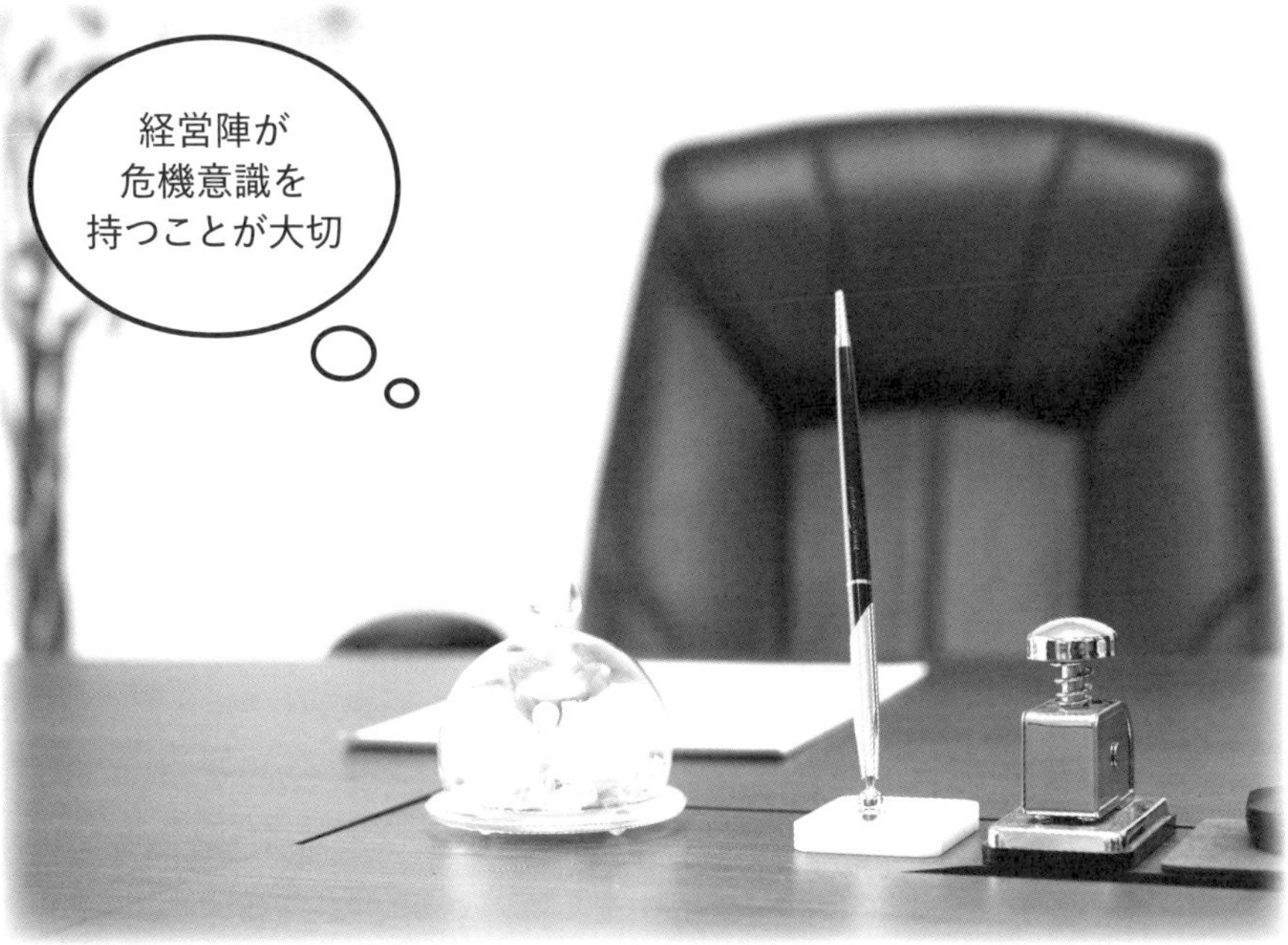

経営陣が
危機意識を
持つことが大切

よくある危険な労務管理

一歩間違えれば、未払残業代請求といった裁判になる可能性も…

1-6 社労士さんは全部やってくれないのが常識

建設業界では、税理士はいても、社会保険労務士に業務委託をしている会社は多くはないです。労務面はそれだけ軽視されていると感じていますが、なぜそうなるのかについてお話します。

建設業界における社労士の立ち位置

あなたの会社に、**社労士**のような労務の専門家はいますでしょうか？　おそらく、いないからこそ、この本を手にとっているのではないかと思っています。では、なぜ、あなたの会社では、税理士には**業務委託**をしていて、社労士には**業務委託**をしていないのでしょうか？

おそらく、税理士については、**決算報告書**を作成しないといけない、そして税務署に税金を納めないといけない、**節税**をできるだけしたい、といった様々な想いがあり、業務委託をしているのではないでしょうか？

では、社労士はどうでしょうか？　給与計算は何となくできている、特に従業員との間でトラブルは起きていない、**社会保険**や**労働保険**の手続きは事務の人がやるか、社長自身がやるから何とかなっている、だから必要ないと感じているのではないでしょうか？

個人的には、それであれば、税務関係についても、同じことが言えて、自分でやろうと思えば、多分できるのではないかと思うのですが、なぜそうしないのでしょうか？

これは、**税金**は税務署からの調査が怖いから、しっかりとやらないといけないみたいな意識が働いているからなのではないでしょうか？　でも、労務についても、未払残業代のようなトラブルが一度起きてしまえば、税務と同じようなことが起こるのですよ？　と私は、声を大にして言いたいです。

しかしながら、社労士にも色んなタイプの社労士がいます。社労士にもそれぞれ**得意分野**があり、給与計算が得意な社労士もいれば、手続きが得意な社労士、労務関連の相談などが得意な社労士もいます。だからこそ、建設業の働き方改革を業務委託をして行いたいのであれば、建設業の働き方改革に関して、アドバイスがしっかりとできる社労士に業務委託をする必要があります。

建設業の働き方改革は行うには、少なからず、建設現場の知識や理解が必要になります。社労士にそういった知識がない人も多いので、建設業の働き方改革は、社長自身が自覚を持って取り組まないといけないのです。

また、専門家に、**業務委託**をしている範囲にもよるでしょう。手続きしか依頼していないのであれば、それ以上のアドバイスをしてくれないこともあります。節税のアドバイスをしてくれる税理士と全くしてくれない税理士がいるのと同じようなものです。業務委託外のことについては、全く関与しない可能性も当然あるということを認識しておく必要があります。

社労士にも得意分野や展開している領域がそれぞれある！

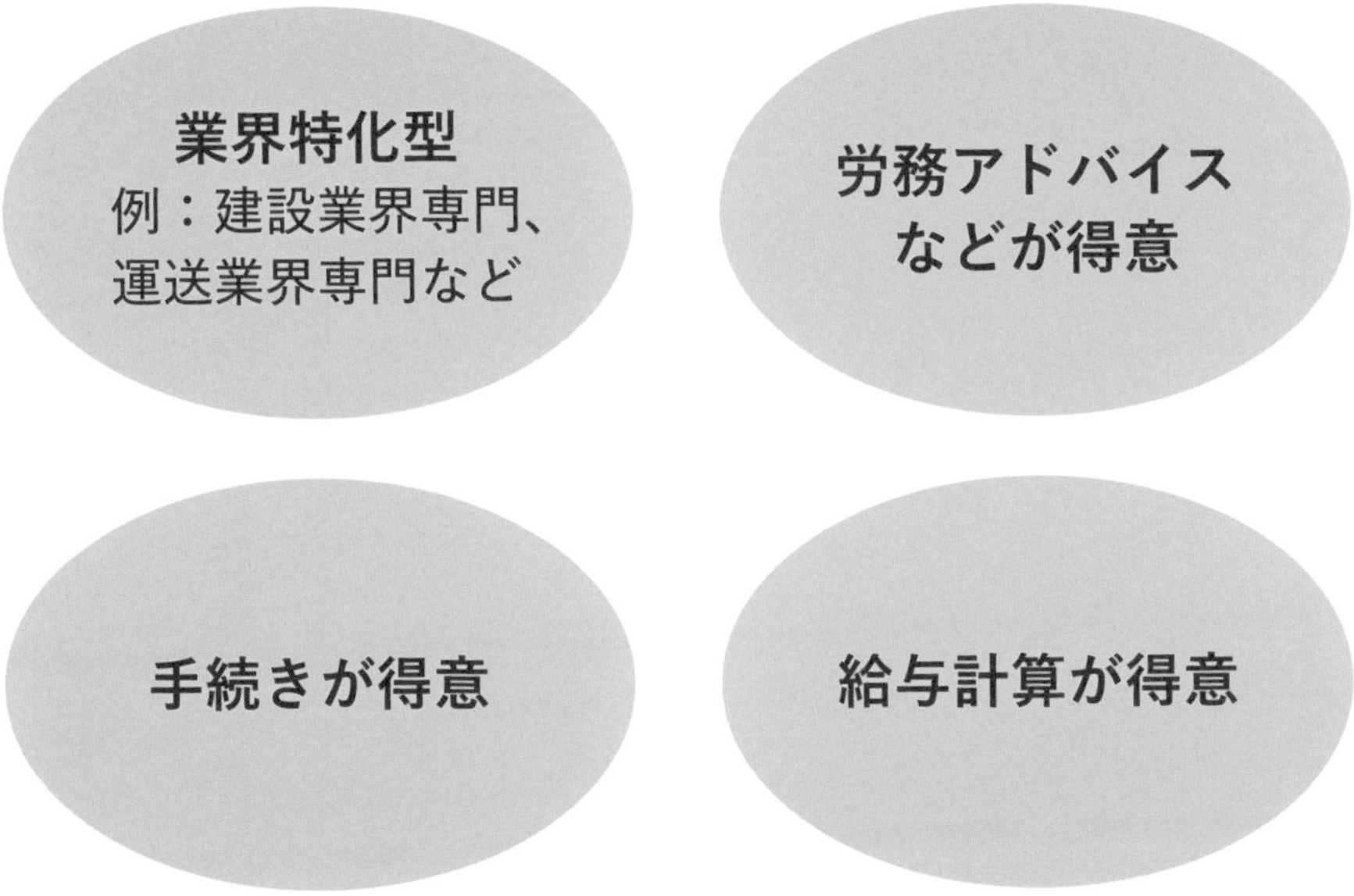

業界特化型
例：建設業界専門、運送業界専門など

労務アドバイスなどが得意

手続きが得意

給与計算が得意

1-7 元請会社に働き方改革の未対応がばれるのが怖い

建設業界では、社会保険未加入事業者を下請企業として選定しないなど、様々な対応が国土交通省主導で行われていて、2024年4月以降には働き方改革に関連した施策が出てくると考えられます。

元請会社から問い合わせがあったら、どう対応するべきか

この書籍を執筆しているのが2023年の夏頃なのですが、働き方改革が施行される2024年4月以降、建設業界では、働き方改革に関する問題が今よりも当たり前のようになってくると私は予想しております。そのため、今後、**元請会社**から、自社の働き方改革に関する取組を問われることも出てくると考えています。

その際に、まずは、きちんと自社の**労務管理**をしていることをアピールできるようにすることが大切です。具体的には、先ほど0章で触れた**法定帳簿**を備え付けていることは大前提として、労働時間をきちんと把握しているかが大切になってきます。そもそも、労働時間を把握できていなければ、いくら時間外労働を削減すればいいのかすらわかりませんから、まず、自社の状況を数字で客観的に把握できていることは大切です。

その上で、具体的な取組事例を提示できるようにしましょう。

例えば、事務作業に時間がかかっているというのであれば、時短できるようなツールを取り入れるいったことです。現場については、立場や元請との関係性などにもよりますが、例えば、1次下請といった立場であれば、**作業工程**をしっかりと練り、やりかた次第では時間外労働を削減できる余地はあるはずです。まず自社として何ができるのかをしっかりと考えていくということが非常に大切です。

働き方改革を達成するための各ステージ

どれくらい減らせるのかは、**事前に対応方法**などをしっかり検討することが必要

この対策について、本書は触れていきます！

達成済！

実際にやっている！
（取り組んでいる）

削減に向けた目標値があるか？

自社の労働時間を把握できているか？

1-8 できないと思っているのは経営者だけかも！

働き方改革については、自社がどの立場であるのかによって、自由度が変わってきます。例えば、下請メインの会社であれば、元請の都合によって働き方改革が難しいかもしれません。

働き方改革ができない原因について

あなたの会社は、働き方改革をどうとらえていますか？「国が、業界の事情も知らずに勝手に決めやがって」と思っていますか？

すごく理不尽な言い方をすると、右記のような気持ちを抱くことも立場上、わからないわけではないです。しかし、国が決めたルールに対しては、守らないと罰が下るわけですから、やらざるを得ないわけです。中には、法律を守らない人もいると思いますが、それでも大丈夫な場合というのは、社員が黙っているなどしており、結果的に**労働基準監督署**にも気づかれていないだけで、いつ罰が下るかわからないままビクビクしながら事業を続けている状態なわけです。

セミナーなどで働き方改革に対応している会社になりたいですか？　と質問すると、ほとんどの方は、「できるのであれば」と回答します。

ですので、本音を言えば、自社だけは少なくとも、働き方改革に対応した会社にしたいと思っている経営者がほとんどなのです。

だったら、まずはやってみませんか？

案外できないと思っているのは、経営者だけかもしれません。社員に聞くと意外と色んな意見を持っているものです。

是非、聞き上手な経営者になり、社員が働きやすい、いい会社にしていきましょう。

経営者自身が
働き方改革を
実現するという
強い意志を持つ

従業員（社員）は意外と意見を持っている

COLUMN

思い立ったが吉日！ 行動を変える「マインド」の力

人の脳は、考える力がありますので、物事を良いようにも、悪いようにも考えることができます。

そして、人の脳にはRAS（ラス）という機能があり、見えるもののフィルター機能を果たす役割があります。

例えば、こんな経験がありませんか？　自分が車を購入するとなった場合に、街で欲しい車が走っているのが急に目に入るようになるといったことです。つまり、人は、自分が興味・関心をもったものについては、脳が自然に反応するようになっています。これがRASの機能になります。

このRASを理解して、脳を味方にすることがとても大切ということがわかります。同じことを実践しても成果の出る人と出ない人がいるのは、このRASによるものだからです。つまり、人は興味・関心があれば、その情報をしっかりとキャッチすることができますし、興味・関心がなければ、いくらいい情報が流れてきていてもスルーしてしまうわけです。そう考えると、働き方改革についても、興味・関心を持ち、自身の身の回りにある情報をキャッチし、考えることが大事ということがよくわかります。

もう一つ紹介したいのは、ホメオスタシスという、人間に備わっている自動調整機能です。これは、恒常性機能といい、人が常に元の状態に戻ろうとする機能のことです。例えば、人は嫌な経験をした時には、ストレスがかかります。でも、そのストレスがかかったままだとしんどいですよね？　だから、人は元のストレスのない状態に戻ろうとするのです。これが、ホメオスタシスの機能です。

しかし、このホメオスタシスは、いい状態に変わろうとするときにも働いてしまいます。そのため、働き方改革のように、変わろう！としても、ホメオスタシスの機能により元に戻ってしまうこともあり得るということです。では、どうすればいいのかというと、常に働き方改革に関して、アンテナを立てて、それが当たり前の状態になるようにすればいいということになります。そのために、今すぐやると決め、コツコツと地道に続けることが大切ということになります。

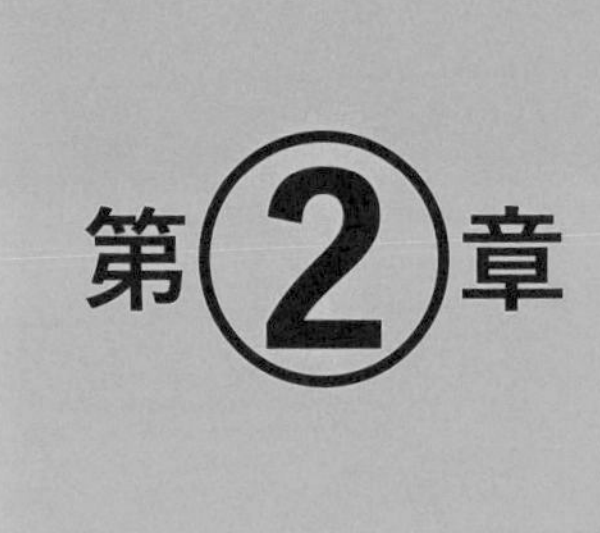

働き方改革に関する法律で知らないと本当に損する話

働き方改革では「時間外労働」を減らすことが求められていますが、この章では、時間外労働をすることについて関連している法律や、労働基準監督署に関するお話、違反した場合のペナルティなどについて触れていきます。

2-1 労働基準法の適用変更で従業員訴訟が増える

2024年4月以降、労働基準法の適用の仕方が建設業界では変わるわけですが、そうなりますと業界ではどういった変化が起こるでしょうか？

2024年4月以降は、業界の風向きが変わる

改正された法律の施行後は、これまでよりも少なくとも国が、時間外労働について強く出ることができるようになります。

そのため、**国土交通省**や**厚生労働省**が、まず、何かしらのアクションを起こしてくることが想定されます。特に、国土交通省では、偽装1人親方問題や**社会保険未加入事業者**撲滅といった建設業界に内在している問題に多く取り組んできた実績があり、働き方改革についても、法律の施行に先駆けて、「建設業**働き方改革加速化プログラム**」を打ち出しておりましたので、働き方改革が次なるテーマに掲げられてもおかしくはありません。

そうなりますと、各所で色んな**啓蒙活動**が行われますので、当然、社員にも情報が行き届きやすくなります。そして、現代社会は、インターネットで検索すれば、多くの情報を個人でも取得することのできる時代です。これから、もっと建設業の働き方改革に関する情報はあふれてきます。そうなると、「ウチの会社では、違法な労働時間を強いられている」とか「土日祝日も会社の都合で出勤させられることが多い」とか色々な内容で会社が社員に訴えられることが今よりも増えます。そして、適切な賃金の支払いをしていないと、本当に痛い目を見ることになります。残業代が、1人当たり、数十万円～数百万円になることもあるでしょうから、残業代が支払えず倒産なんてことも現実味を帯びてきます。

建設業働き方改革加速化プログラム

長時間労働の是正

罰則付きの時間外労働規制の施行の猶予期間（5年）を待たず、長時間労働是正、週休2日の確保を図る。特に週休2日制の導入にあたっては、技能者の多数が日給月給であることに留意して取組を進める。

○週休2日制の導入を後押しする

- 公共工事における週休2日工事の実施団体・件数を大幅に拡大するとともに民間工事でもモデル工事を試行する
- 建設現場の週休2日と円滑な施工の確保をともに実現させるため、公共工事の週休2日工事において労務費等の補正を導入するとともに、共通仮設費、現場管理費の補正率を見直す
- 週休2日を達成した企業や、女性活躍を推進する企業など、働き方改革に積極的に取り組む企業を積極的に評価する
- 週休2日制を実施している現場等（モデルとなる優良な現場）を見える化する

○各発注者の特性を踏まえた適正な工期設定を推進する

- 昨年8月に策定した「適正な工期設定等のためのガイドライン」について、各発注工事の実情を踏まえて改定するとともに、受発注者双方の協力による取組を推進する
- 各発注者による適正な工期設定を支援するため、工期設定支援システムについて地方公共団体等への周知を進める

給与・社会保険

技能と経験にふさわしい処遇（給与）と社会保険加入の徹底に向けた環境を整備する。

○技能や経験にふさわしい処遇（給与）を実現

- 労務単価の改訂が下請の建設企業まで行き渡るよう、発注関係団体・建設業団体に対して労務単価の活用や適切な賃金水準の確保を要請する
- 建設キャリアアップシステムの今秋の稼働と、概ね5年で全ての建設技能者（約330万人）の加入を推進する
- 技能・経験にふさわしい処遇（給与）が実現するよう、建設技能者の能力評価制度を策定する
- 能力評価制度の検討結果を踏まえ、高い技能・経験を有する建設技能者に対する公共工事での評価や当該技能者を雇用する専門工事企業の施工能力等の見える化を検討する
- 民間発注工事における建設業の退職金共済制度の普及を関係団体に対して働きかける

○社会保険への加入を建設業を営む上でのミニマム・スタンダードにする

- 全ての発注者に対して、工事施工について、下請の建設企業を含め、社会保険加入業者に限定するよう要請する
- 社会保険に未加入の建設企業は、建設業の許可・更新を認めない仕組みを構築する

※給与や社会保険への加入については、週休2日工事も含め、継続的なモニタリング調査等を実施し、下請まで給与や法定福利費が行き渡っているかを確認。

生産性向上

i-Constructionの推進等を通じ、建設生産システムのあらゆる段階におけるICTの活用等により生産性の向上を図る。

○生産性の向上に取り組む建設企業を後押しする

- 中小の建設企業による積極的なICT活用を促すため、公共工事の積算基準等を改善する
- 生産性向上に積極的に取り組む建設企業等を表彰する（i-Construction大賞の対象拡大）
- 個々の建設業従事者の人材育成を通じて生産性向上につなげるため、建設リカレント教育を推進する

○仕事を効率化する

- 建設業許可等の手続き負担を軽減するため、申請手続きを電子化する
- 工事書類の作成負担を軽減するため、公共工事における関係する基準類を改定するとともに、IoTや新技術の導入等により、施工品質の向上と省力化を図る
- 建設キャリアアップシステムを活用し、書類作成等の現場管理を効率化する

○限られた人材・資機材の効率的な活用を促進する

- 現場技術者の将来的な減少を見据え、技術者配置要件の合理化を検討する
- 補助金などを受けて発注される民間工事を含め、施工時期の平準化をさらに進める

○重層下請構造改善のため、下請次数削減方策を検討する

https://www.mlit.go.jp/common/001226489.pdf

2-2 現場監督への残業代未払いは問題ない？

ここでは、「管理監督者」について、触れていきます。よく現場監督は管理職だから、残業代を支払わなくてOKみたいな風潮がありますが、本当にセーフなのでしょうか？

「管理監督者」とは？

さっそくですが、労働基準法の「**管理監督者**」について、誤解をされている方が結構な数でいると思っています。

と言いますのも、この労働基準法でいう「管理監督者」に該当すれば、労働時間や休日などについては適用されないことから、働き方改革に対して検討する項目が実質的に減ることになります。そして、管理監督者には**深夜労働**を除いた**割増賃金**を支払う必要がないことなどから、管理監督者を自社の都合のいいように解釈している可能性があります。

管理監督者については、「一般的には、部長、工場長など労働条件の決定、その他労務管理について経営者と一体的な立場にある者の意であり、名称にとらわれず、実態に即して判断すべきもの」と解釈されています。

そのため、なんらかの役職名さえあれば、管理監督者として割増賃金の支払いなどが免除されるわけではありませんので、注意が必要になります。

ここについては、飲食店などでたびたび争いになっているのですが、イメージしやすいように一例を挙げてみましょう。

【地位：ファミリーレストランの店長】

●店長としてコック、ウェイターなどの従業員を統括し、採用にも一部関与しており、店長手当の支給も受けていましたが、従業員の労働条件は経営者が決めていました。

●店長ですが、店舗の営業時間に拘束されて、出退勤の自由はない状況でした。
●店長の職務の他にコック、ウェイター、レジ、掃除など全般もやっていました。

これは、「割増賃金の支払いが必要か否か」が争いになった事例です。結果としては、管理監督者の地位は否定され、割増賃金の支払いを会社側が命じられています。

ということで、名前がしっかりとした「店長」であっても、右記のように管理監督者にあたらないという判断になることもあるわけです。

もう、かれこれ10年以上前になると思いますが、某有名ファストフード店でも、同様の事例が争われていますが、やはり会社側が負けていました。

現場監督は、管理監督者なのか？

では、これを、建設業で当てはめるとどうなるでしょうか？

例えば、「現場監督」はどうでしょう？　管理監督者として認められるのはかなり難しい判断になると思いませんか？　会社の規模にもよるとは思いますが、現場の方ですので、人事権といったものは全くないかもしれません。

そして、先ほども申し上げたことと少し重複しますが、自ら労務管理を行う責任と権限を有していない、勤務時間について厳格な制限を受けている、賃金などについてふさわしい待遇がなされていないといった場合には、労働基準法の「管理監督者」には該当しません。

そのため、「**現場監督**」が管理監督者になるのは現実的にかなり難しいのです。

といったようなところで、「管理監督者」をどう考えるかについて、お話をしました。正直なところ「管理監督者の範囲はかなり狭く、そもそも運用が難しい」ですので、右記でお話した基準をもとに考えるようにしてみてください。

そして、管理監督者でないと思われるのであれば、時間外労働に対する割増賃金を支払うなどが必要になる労働者になりますから、労働基準法に違反しないような働き方をしてもらうことが重要になってきます。

2-3 その時間は労働時間ではないと言い切れる？

労働時間については、実は労働基準法に明確な定義がなく、労働時間ではないと思っていたものも、これまで、裁判が起こり、その結果、労働時間と認められたものが多く存在します。

建設業界では労働時間外になっている移動時間

現場に行く前の**運転時間**は、労働時間になるのでしょうか？　現場に行ってから、仕事をするわけだから、それより前は**労働時間**にならないような気もしますよね。

右記のような話は、今後、建設業の働き方改革が、より身近になってくれれば、いずれ従業員さんにも伝わる話だと思っています。このお話について、何が問題なのか、皆さんはわかりますでしょうか？

実はこの話には、二つの問題点があります。

一つ目は、「労働時間」の問題。そして、二つ目は、「**未払賃金**」の問題です。

順を追って、一つ一つ、お話していきましょう。

まず、労働時間の問題ですが、この現場に行くまでの時間は、労働時間になり得るのでしょうか？

結論を申し上げますと、なり得る可能性があります。可能性といっているのは、ケースによって、労働時間になるものと、ならないものが存在するからです。

実際に、事例を用いて、考えてみましょう。

まず、労働時間になる可能性の高いものとすると、会社からの指示で、一度、会社の置場などに集まって準備をし、そこから、みんなで現場にいっしょに向かうようなケースです。

労働時間にならないものは、直接、各々の従業員が自由な手段で現場に向かうようなケースです。

それぞれ、現場に向かっている事実は変わりません。しかし、前者の場合、一度、会社の指示で集まってすから、この時点で、労働時間がスタートするといった判断をされる可能性があります。

一方で、後者の場合は、現場に到着するまで、会社の指揮命令下に入っておりません。そのため、現場に到着してからが、労働時間のスタートということになるのです。

ポイントは、どの時点で、「会社の**指揮命令下**に入ったのか」です。

そして、このお話には、もう一つ重要な問題があります。それが、「未払賃金」のお話です。

「往復の移動時間が労働時間」になってしまう場合、未払賃金が、とんでもない金額になってしまう可能性があります。

これも、実際に具体的な金額で考えてみましょう。

例えば、時給換算した金額が1，200円の従業員さんがいたとしましょう。そして、通常の労働時間が8時間、往復の運転時間の合計が2時間（片道1時間ずつ）だったとします。

すると、1日の労働時間の上限は8時間ですから、この運転時間分は、すべて時間外労働分に該当してしまいます。ですので、25%の割増賃金が必要になります。

この従業員さんの割増された後の賃金は、1，200円×1・25＝1，500円／時間ということになります。これが2時間あるので、毎日3，000円の未払賃金が発生していたことになります。

さらに、週休2日制と仮定しても、毎月21日程度出勤日がありますから、3，000円×21日＝63，000円／月ということで、毎月63，000円の未払賃金があったことになります。

現在、**割増賃金の請求権の時効**は3年になっておりますので、63，000円×36カ月（3年）＝2，268，000円となり、なんと200万円を超える未払賃金があったということになります。

もし、従業員さんが、全員で「払え」って言ってきた場合、どうしますか？

全員分の未払賃金を支払うことはできますか？

だからこそ、働き方改革を通じて、労働時間や未払賃金の問題も会社として、考えていかなければならないのです。

2-4 8割以上の会社が勘違いしている残業時間の考え方

そもそも労働時間を把握できていなければ、どこからが時間外労働になるかわかりません。そこで、どの部分を時間外労働として扱えばいいのかについて解説します。

時間外労働に対する基本的な考え方

そもそも大前提のお話になってしまいますが、残業のような**時間外労働**や**休日労働**をさせるためには、36（サブロク）協定が必要になります。ですので、これを社員（労働者）との間で締結せずに、1秒たりとも時間外労働や休日労働をさせることはできませんし、さらに締結したとしても36協定に書いた範囲内でしか、時間外労働や休日労働をさせることはできません。また、この**36協定**については、**所轄労働基準監督署**に届け出る必要があります。

そして、残業時間については、所定労働時間を超えた場合に支払うのか、法定労働時間を超えた場合に支払うのかを会社で決めておかなければなりません。

法定労働時間については、原則1日8時間以内、週40時間以内と決まっており、これを超えるような場合については、25%の割増賃金を支払う必要があるわけです。

しかしながら、会社の所定労働時間が、例えば、7時間だった場合には、この7時間から8時間の間の時間について割増賃金を支払うかどうかは、会社が決めることができます。ここは意外と知らない経営者の方も多いので、気を付けましょう。そして、時間外労働について、極論を言えば、法定労働時間を1秒でも超えれば割増賃金を支払う必要があるのが原則になります。必要な労働時間を超えて、残業した事実はあるわけですので、労働の対価として、賃金を支払う必要があるということです。しかしながら、何が労働に該当し、何が労働に該当しないか、という問題がありますから、ここについて確認する必要があるということになります。

例えば、作業前後における作業服や防護具の着脱に要する時間は労働時間に該当するとした判決もあります。この事案は、その事業所において、事業所の更衣所などでの装着が義務付けられていたことから、労働時間と判断されています。

また、終業後の機械点検が労働時間に該当するとした判決もあります。いずれにしても、労働者が「使用者の指揮命令下」に置かれていたかどうかが重要になります。

そのため、ケースバイケースにはなりますが、経営者自身では労働時間ではないと思っていても、実際には労働時間になってしまう例があるということに注意をする必要があるといえます。

そして、労働時間に該当する場合には、右記の時間も含めて法定労働時間内に終業できるように取り組む必要があります。

36協定が必要な場合

(法定)時間外労働
休日労働
→ 36協定の締結、労基署への届出が必要

(法定)時間外労働も休日労働もさせてはならない
※所定労働時間を超えていても、法定労働時間を下回っている場合は、36協定は不要です。

2-5 変形労働時間制に関する大きな勘違い

建設会社の中には、変形労働時間制を導入している所も、かなりの数がありますが、正しく運用できているかが微妙なところです。

変形労働時間制の種類

変形労働時間制には、いくつか種類があります。1か月単位の変形労働時間制、1年単位の変形労働時間制、1週間単位の非定型的変形労働時間制、**フレックスタイム制**があります。これらは、通常1日8時間、週40時間以内という法定労働時間を一定の期間において、変形させて従業員を働かせることができる制度になります。

建設業における変形労働時間制の運用

建設業の会社で、変形労働時間制を導入している会社の多くは、「1か月単位の変形労働時間制」を導入しているように思いますが、そもそも、変形労働時間制は、繁忙期とそうでない時期の労働時間の差が激しいけれども、その期間をトータルして平均で考えると、通常の労働時間と変わらないような場合に導入ができる制度になります。しかも、その繁忙期が事前にわかっているからこそ、トータルで働かせ過ぎないことがわかるわけです。その主旨を踏まえると、「あらかじめ労働時間を特定する必要がある」ということになります。

そのため、1か月単位の変形労働時間制を採用する場合には、**労使協定**や**就業規則**などに**変形期間**における各日、各週の労働時間を具体的に定めることが必要です。そのため、たとえ変形期間を平均して週40時間の範囲内におさめている場合でも、使用者が業務の都合によって任意に労働時間を変更するような場合は、変形労働時間制に該当しないとされています。また、先述のとおり、労使協定や就業規則などを準備せずに運用することもできませんので、注意をする必要があります。

そう考えますと、天候や工期などを理由に、急きょ労働時間を調整して、休みにするようなことは変形労働時間制の主旨を逸脱していることから、適切な運用ができておらず、変形労働時間制の導入そのものを否定される可能性が高いということになります。そうなりますと、結果的には、通常の法定労働時間で考えないといけなくなる可能性があることから、想定外に多くの時間外労働が発生してしまっている場合があり、それに伴った割増賃金が発生することになるので注意が必要です。

ですので、安易に変形労働時間制を導入するのではなく、計画性を持って導入することが求められますので、運用する際に注意をするようにしましょう。

1か月単位の変形労働時間制とは？

	日	月	火	水	木	金	土	合計
第１週	休	9	9	10	10	8	7	53
第２週	休	8	8	休	4	4	休	28
第３週	休	10	10	9	9	10	休	48
第４週	休	6	6	6	10	6	休	30

159時間

急遽、休日にするとかはNG！

急に忙しくなったなどはNG！

変形期間28日

40時間×**28日**÷7＝160時間 ＞159

↑

変形期間の暦日数

➡あらかじめ上記のように「特定」をしていれば、今回の例について、時間外労働は「0（ゼロ）」となる。

2-6 給与の支払いは日給ですか？　月給ですか？

よく建設業を経営している社長は、「ウチは日給月給制だから」というのですが、よくよく話を聞くと、そのほとんどは実は「日給制」なのです。

「日給月給」の使い方をほとんどの社長は間違っている！

結論から申し上げますと、「**日給月給制**」は、巷でよく言われている「月給制」の部類に入ります。

どういうことかといいますと、日給月給制というのは、毎月の給与の額は決まっていますが、有給休暇以外の欠勤（遅刻・早退・欠勤）が生じた場合に、その分を日割りで給与から差し引く方法になります。

そして、「日給制」については、1日2万円といったように、1日の給与を決めておいて、働いた日数分に応じて支払う方法になります。そう考えますと、建設業の社長が言っている大半は、この日給制のことを指すのではないでしょうか？

そして、この日給制が建設業で多く採用されている理由としては、急な天候の変化や工程の変更による休工などの場合に賃金を支払わなくてもいいようにするためだと思いますが、これについては、賃金を支払わなくてもいい場合と、支払わなければならない場合があることに注意が必要です。

雨天休工で休日扱いなどにするのは可能？

例えば、雨が降ったから今日は休工にしようと決めたとします。その際に、従業員さんに、「今日は休みだから」と伝えるとしましょう。しかし、従業員さんは、今日は働くつもりでいるわけです。この場合には、従業員さんに賃金を本当に支払わなくていいのでしょうか？

この時に、労働基準法では、「**休業手当**」というものがあるのですが、「使用者の責めに帰すべき事由により」休業させた場合については、平均賃金の60％の手当を支払う必要があると規定されています。

そして、この**雨天休工**が、使用者の責めに帰すべき事由に該当するのか？　というお話になると思いますが、基本的には、使用者の責めに帰すべき事由に該当すると考えるのが妥当です。この使用者の責めに帰すべき事由については、広く（労働者にとって有利に）解釈されることが多いため、少なくとも、当日判断の休工は、使用者の責めに帰すべき事由に該当し、休業手当の支払いが必要になる、と考えるのが妥当です。

そして、これを避けるために雨天休工の日を「休日」にするのであれば、前日までに休日とする必要があります。そもそも休日は、午前0時から午後12時までの暦日で休ませることを言います。ですので、当日判断でいきなり休日扱いにするのは、物理的に無理ということになるわけです。

そして、前日までに休日とする場合も、きちんと段取りを踏む必要があります。つまり、休日にできる根拠が必要になります。

例えば、**雇用契約書**や**就業規則**において、休日を「雨天の日」としておくことがあります。ただし、休日については、原則として1週間について1日は与えなければなりません。そして、休日を「特定」することまでは法律上要求されていないとは言え、天候に左右されることから、1週間に1日の休日を適切に確保できない可能性があります。ですので、運用面の不安が多々残ることになり、実際には採用が難しいと思います。

他の手段としては、「**休日の振替**」を利用する方法があります。これは、あらかじめ休日となっていた日を「労働日」として、もともと労働日になっていた日を「休日」にするというものです。これを利用するには、休日を振り替えることができる旨を就業規則などに明示し、休日を振り替える時には、あらかじめ振り替える日を特定するといったことを行う必要があります。

会社側の都合で、一方的になんでもかんでも雨天の日を休日扱いにするというのは、本当は認められないので、注意をするようにしましょう。

2-7 日給制にメリットは本当にあるのか？

前節で、日給制と日給月給制について触れましたが、結局のところ日給制は会社にとってメリットがあると言えるのでしょうか？

デメリットの方が多い?!　日給制

見出しにも記載していますが、「日給制」は、現代社会においてはデメリットの方が多いと、私は考えています。特に、若い世代の人にとっては、デメリットと感じる人の方が圧倒的に多いのではないでしょうか？

理由は、前節で触れたような、雨天の日における従業員への対応などを含め、しっかりとした**労務管理**をしている会社は現実問題としてかなり少ないことから、当日、**会社都合**で従業員をいきなり休ませても、日給制の場合、一切、**休業手当**などを支給していないところが実際には多いと私の経験則で感じているからです。

ですので、従業員の立場で考えますと、天気が悪くても工事をするのか否かが当日判断になってしまい、その日にならないと自分の生活のスケジュールもたてられないし、さらには、休工になってしまえば、給与も支給されないため、生活が苦しくなり、何のメリットもありません。

こういった話をすると、「日給制なら、働いた分だけ給与が支給されるから従業員にもメリットがあるだろう」と、一部の経営者からの声が聞こえてきそうですが、少なくとも今の20～30代の人は、そうは考えていません。「**ワークライフバランス**」という言葉が昨今では、よく聞かれるようになっていますが、それだけ、今の若い世代の人は働くことに重きを置いていないのです。どちらかというと、適度に休みがあり、それなりの給与がもらえる会社の方が選ばれる時代です。

ですので、ここを間違えてしまうと、若い人に入って来てもらいたくても、絶対に入って来てくれません。日給制の会社よりも、若い人からすると日給月給制などの月給制の会社の方を選びたいと思うはずです。

本書でも多く触れていますが、働き方改革の実現には、従業員の協力が必要不可欠です。そして、人を大切にできない会社は、働き方改革を達成することは難しいです。本当に、会社を存続させていきたいと考えているのであれば、まずそういった**ジェネレーションギャップ**を埋める所から始めてみましょう。実際に、働き方改革が上手くいっている会社の大半は、現場に出る従業員さんも月給制になっていることの方が多く、日給制の人はほとんどいないです。日給制は、知らず知らずのうちに人手不足の要因の一つになってしまっていることを経営者として知っておくべきでしょう。

選ばれる！　日給制の会社

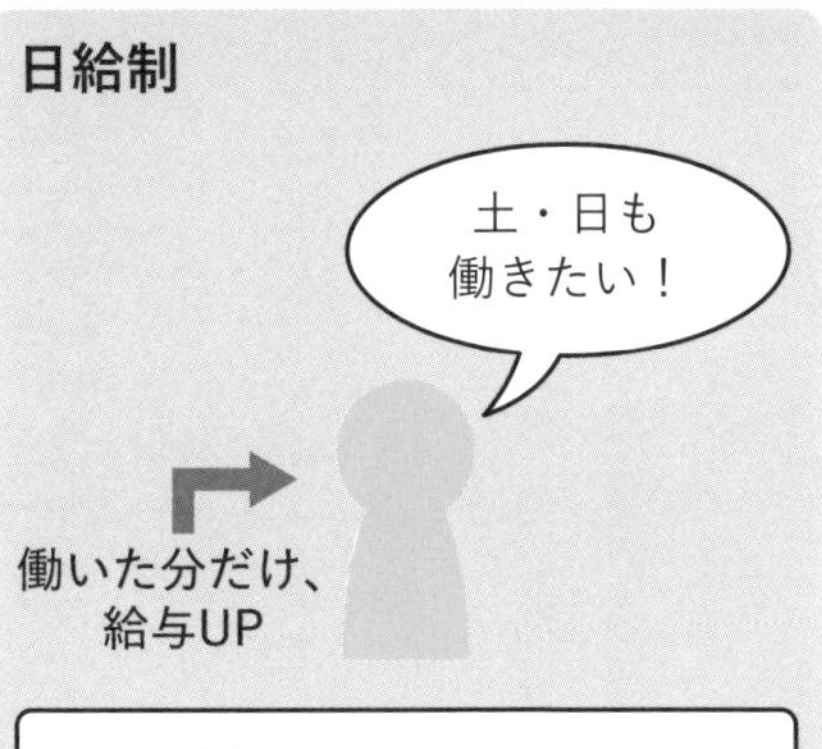

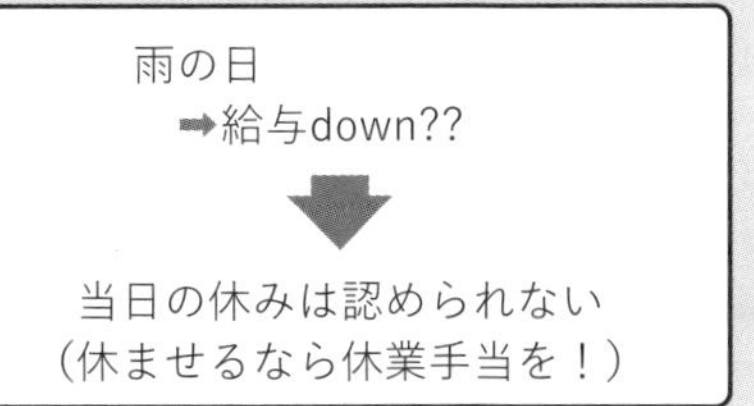

月給制（日給月給もこちら！）

土・日休んでも
給与が変わらない！

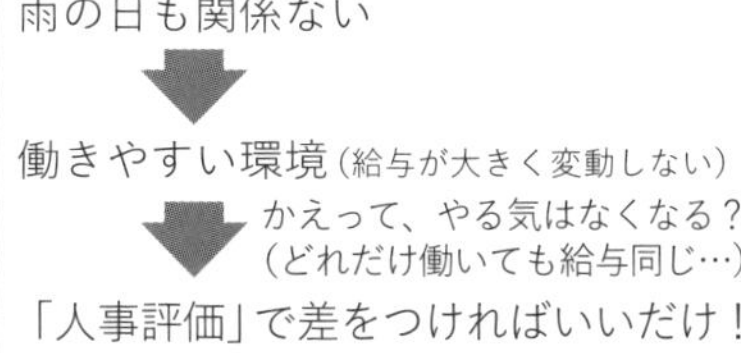

2-8 働き方改革に対応した勤怠管理はどうやるの？

現在の会社の勤怠管理は、タイムカードやクラウドシステムといった様々な勤怠管理の方法がありますが、働き方改革に対応するためには何を採用すればいいのか、その指針を示します。

何でもいい?! 勤怠管理のポイント

労働基準法の中に、労働時間、休日、深夜業などについて規定が設けられていることから、使用者（経営者）は、労働時間を適正に把握するなど労働時間を適切に管理する責務を有しています。

そこで、厚生労働省としても「労働時間の適正な把握のために使用者が講ずべき措置に関する**ガイドライン**」を出しており、使用者が講ずべき措置として、「始業・終業時刻の確認及び記録」とあり、使用者は、労働時間を適正に把握するため、労働者の労働日ごとの始業・終業時刻を確認し、これを記録する必要があります。

また、始業・終業時刻の確認及び記録の原則的な方法としては、**タイムカード**、**ICカード**、パソコンの使用時間の記録などの**客観的な記録**を基礎として確認し、適正に記録することとされています。

そのため、「何かしら証拠が残るように**勤怠管理**をする必要がある」ということになります。

自己申告は原則NGなので要注意！

自己申告制により、どうしても始業・終業時刻の確認及び記録を行う場合の措置としては、自己申告制の対象となる労働者に対して、ガイドラインを踏まえ、労働時間の実態を正しく記録し、適正に自己申告を行うことなどについて十分な説明を行うこと、実際に労働時間を管理する者に対して、自己申告制の適正な運用を含め、ガイドラインに従い講ずべき措置について十分な説明を行うこと、自己申告により把握した労働時間が実際の労働時間と合致しているか否かについて、必要に応じて**実態調査**を実施し、所要の労働時間の補正をすることが求められています。

建設現場に直行直帰する場合は、場合によっては、自己申告にたよらざるを得ない場合もあると思いますので、電話、LINE、メールなどの手段を使用し、しっかりと報告するように従業員に対して徹底する必要があるということになります。

現場の**入退場記録**がわかるシステムなどを現場で利用している場合は、その情報に関しても一つの客観的なデータになります。他にも、**GPS機能**のある勤怠管理システムもありますので、本当に労働者が現場に行っているのか不安な場合などには、このような**勤怠管理システム**を導入することも可能です（労働者の個々のスマートフォンなどがあれば、簡単に導入可能です）。

また、時間外労働時間の削減のための**社内通達**や時間外労働手当の**定額払**など労働時間に係る事業場の措置が、労働者の労働時間の適正な申告を阻害する要因となっていないかについて確認するとともに、当該要因となっている場合においては、改善のための措置を講ずることとありますので、こちらにも注意をする必要があります。

さらに、労働基準法の定める法定労働時間や時間外労働に関する労使協定（いわゆる36（サブロク）協定）により延長することができる時間数を遵守することは当然ですが、実際には延長することができる時間数を超えて労働しているにもかかわらず、記録上これを守っているように**虚偽の記載**などをすることが実際に労働時間を管理する者や労働者などにおいて、慣習的に行われていないかについても確認することといった様々なポイントがガイドラインには示されており、これに従った勤怠管理をすることが、働き方改革に対応した勤怠管理といえます。

2-9 年間休日数と毎日の休憩時間の算出方法は？

働き方改革を実行するということは、労働時間を減少させる必要があることを意味します。そうなれば、当然、休日数も増えると思います。

年間休日数の考え方

まず大前提として、**休日**については、基本的に雇用時に定めておく必要があります。方法としては、雇用契約書や就業規則に記載する必要があります。会社によっては、日曜日と会社が定める日を休日とする（夏季休暇、年末年始など）ことが多いかと思いますが、法律上は、原則として、毎週少なくとも1回休日を付与すればいいので、土曜日を休日にするかどうかは、会社次第にはなります。

そして、**年間休日数**については、毎年、日曜日などの日数が微妙に変動することになりますので、これらを1年間トータルしたものということになります。暦日数である365（うるう年は366）日から、年間休日数をトータルしたものを差し引くことで、年間の**労働日数**が決まるわけです。そうなりますと、日給月給制などの月給制については、この年間休日数によって、換算される1時間あたりの給料（時給）が変わることになり、時間外労働にかかる割増賃金の額にも影響を及ぼすことになります。

あと注意すべきなのは、前述したとおり、1週間40時間を超える労働時間については、時間外労働に該当することから、月曜日から土曜日まで出勤している会社で、例えば、1日8時間労働であれば、毎週8時間の時間外労働が常態的に発生していることになりますので、気をつける必要があります（左図参照）。

休憩時間の扱いについて

こちらも見落とされがちなのですが、**休憩時間**についても、労働条件として明示する必要があります。そのため、例えば、15時などにも現場で休憩をしているのであれば、それは雇用時に、あらかじめ労働条件として明示しておく必要があるということになります。

多くの会社では、これを明示せずに、慣習として休憩をしていることが多いので、注意が必要です。

そして、休憩時間については、労働時間が6時間を超え8時間までの場合は、少なくとも45分、労働時間が8時間を超える場合は、少なくとも1時間の休憩を与える必要が、法律により義務付けられています。休憩時間は、連続している必要はないので、分割することは可能です。

そして、右記以上の時間を休憩時間として与えることも可能ですが、あらかじめ労働者に対して、労働条件として明示をするようにしましょう。

また、この休憩時間中に、仕事の指示をしている、作業をさせているような場合は、休憩時間としては認められませんので、併せて注意する必要があります。

休日の設定方法には要注意！

労働日	労働時間	合計
月・火・水・木・金	8時〜17時（休憩1時間）	40時間
土	8時〜17時（休憩1時間）	8時間
日	休日	

週40時間をこえる場合には、**残業代の支払いが必要。**

➡今回の事例だと、月から金の勤務時間で既に40時間のため、土曜日の8時間は「全て」の時間に対して、割増賃金の支払いが必要！

ポイント　労働時間の基本の考え方　1日8時間、1週間40時間まで

➡休日は、毎週1回あれば法律上の要件はクリアしていますが、今後は、時間外労働の上限規則（原則月45時間以内）とのバランスを考える必要があります。

2-10 長時間労働には「面接指導」が必要?!

長時間労働をさせるということは、従業員さんに無理を強いることになり、体にも負荷がかかるため、労働安全衛生法上の対応が必要になることを知っておく必要があります。

意外な盲点?! 長時間労働に対応する安全衛生管理

労働安全衛生法では、長時間労働をしている労働者に対しては、「医師による**面接指導**」を行うことが事業者に義務付けられています。この長時間労働といいますのは、「休憩時間を除き1週当たり40時間を超えて労働させた場合における、その超えた時間（休日労働時間も含む）が1か月当たり80時間を超え、かつ、疲労の蓄積が認められる者」になります。

そして、この条件に該当した労働者に対しては、事業者は、速やかに超えた旨の通知をする必要があります。これは、労働者が面接指導を受ける機会を逃さないようにするためです。そして、労働者自身が、面接指導を受けることを申し出してきた場合には、事業者は、遅滞なく、医師による面接指導を行います。面接指導を受ける医師に関しては、労働者が選ぶことも可能です。

面接指導の内容について

面接指導の内容については、その労働者の勤務状況、疲労の蓄積の状況、心身の状況などの確認を医師が行い、これらの状況に基づいて、面接指導を行います。

そして、事業者は、面接指導の結果に基づき、当該労働者の健康を保持するために必要な措置について、面接指導が行われた後に、医師に、遅滞なく意見を聞く必要があります。その結果を勘案して、必要がある場合には、「就業場所の変更」「作業の転換」「労働時間の短縮」「深夜業の回数の減少等」の措置を講ずるなどを行う必要があります。

時間外労働や休日労働が月80時間を超えているというのは、厚生労働省が掲げている長時間労働に対する労働基準監督署の監督の対象となる事業所になりますし、さらには長時間労働による労災保険法における業務上の疾病の認定基準に片足を突っ込んでいるような状態です。ですので、労働安全衛生法としても、労働災害といった最悪の事態にならないように未然に防止するためにも、このような規定があるわけです。

また、右記のような長時間労働未満の労働であったとしても、労働者の健康を守ることは事業を継続していくためには必要不可欠ですので、何か異変があれば、誰かが気付いてあげられるような職場を作ることが大事といえるでしょう。

医師による面接指導の様子

2-11 いい加減な会社には労働基準監督署がやって来る

働き方改革で長時間労働に対する行政からの指導などが、より一層強くなることは間違いありません。そして、労働基準監督署がどのようにしてやって来るのかを、ここではお話しします。

どんな場合に労働基準監督署がやって来るのか？

どういったことをすれば、労働基準監督署がやって来るのか、気になる方も多いと思いますので、ここで実際のお話をしていきます。

各都道府県の労働局では、毎年度、「**労働行政運営方針**」というものを定めています。これは、厚生労働省が決めた労働行政運営方針に従って各々の労働局で策定するものですが、令和5年度の方針の中に「長時間労働の抑制及び過重労働による健康障害を防止するため、各種情報から時間外・休日労働時間数が1か月当たり80時間を超えていると考えられる事業場及び長時間にわたる過重な労働による過労死などに係る労災請求が行われた事業場に対する監督指導を引き続き実施する。」とあり、時間外・休日労働時間数が1か月当たり80時間を超えていると疑われた場合には、労働基準監督署が監督指導をしにやって来る可能性が非常に高いということになります。

そして、この長時間労働がバレてしまう原因として一番大きいのは、労働者による通報でしょう。特に、時間外労働に対して賃金が未払だったり、労働者と使用者の間で何かしらのトラブルが起こっているとなると、労働者に通報されたりする可能性がより高くなると考えた方がいいでしょう。

後は、これまでの毎年提出している36協定の労働時間の申請実績で、かなりの残業時間を強いていると推測できるような事業所は、すでに目を付けられている可能性もあります。

だからこそ、いい加減な労務管理をしているような会社には、労働基準監督署がやって来る可能性が高くなる、ということです。

いきなりやって来る労働基準監督官

実際に事業所に来るのは、「**労働基準監督官**」になるのですが、右記のような会社では、いきなり労働基準監督官がやって来る可能性があります。事前に予告があることもありますが、基本的に事前の予告なくやって来る可能性が高いです。

特に、建設業は労働安全衛生法違反になっている建設現場も多いことから、労働基準監督官がやって来る可能性が高い業種に分類されます。

労働災害などが発生した後では遅いので、**法令違反**の恐れのある現場を監督し違反があれば是正することが目的でやって来ます。この労働基準監督官の権限は非常に強力です。警察のような「**逮捕権**」も持っています。ですから、この労働基準監督署から来る労働基準監督官の対応には十分注意しなければなりません。

そして、今後は、時間外労働の上限規制の施行によって、労働時間について違反していないかといった名目でやって来る可能性が高くなるわけです。

例えば、労働時間を把握するためにタイムカードなど出退勤時間のわかるものをチェックしたり、従業員に直接確認をする可能性も考えられます。

そして、総合的に時間外労働が**上限規制**を超えているような場合には、最悪のケースですと、**懲役刑**や**罰金刑**が科されることになるわけです。さらには、会社の名前が公表されることもあります。

そのため、事前の対策ももちろん大切ですし、労働基準監督官がやって来た時にどう対応できるかによっても、会社の命運が分かれる可能性もありますから、今回の法改正を決して他人事と思わないでほしいと思っています。

2-12 働き方改革に違反をすると会社が倒産?!

働き方改革に対応していない会社が、刑罰を科されるなどをした結果、最悪のケースの場合、どういった末路になるのかを法律の規定に沿って解説をします。

時間外労働をさせることを「仕方ない」で片づけない

先ほどの節にて、労働時間の上限規制を守らない場合に、刑罰が科されることは説明しました。そして、仮に違反した後に、送検されたとしましょう。そして、裁判の結果、社長（役員）に懲役刑が科されたとします。

ここで、より詳細な解説をしますと、この労働時間の上限規制を守らなければ、労働基準法第１１９条により、「6か月以下の懲役または30万円以下の罰金」に処せられます。

そして、この懲役刑が会社の役員などに処せられることにより、建設業法第8条に規定する「**欠格要件**」に該当してくるため、建設業許可を取得している企業は、建設業法第29条により建設業許可の「取消し」に最終的になるわけです。

そうなりますと、**公共工事**を入札により受注している会社は、**建設業許可**を取得していることが大前提であることから、今後、公共工事を受注することができなくなりますから、実質的には廃業せざるを得なくなるような状況に陥りますし、民間工事であったとしても税込で５００万円以上の工事を受注することができなくなりますので、かなり厳しい状況下に置かれるといっても過言ではないでしょう。

また、先ほど述べたような労働基準法違反の事案については、インターネット上で公表もされますし、さらには建設業許可の取消関係についても同様に名指しで、インターネット上に公表されます。そうなりますと、会社の信用はガタ落ちになってしまい、刑罰以外にも大きな損害を受けることになります。これがキッカケで、取引先を失うかもしれません。

そのため、単に罰金刑や懲役刑に処せられて終わり、ということにはならないので、この働き方改革に関する問題は、すべての会社で本当に真摯に考えていく必要があると、私自身は感じています。

そして、右記のようなリスクを減らすためにも、今すぐできることは始めていきましょう。次章以降では、実践的な手法を述べていきますので、取り組めそうなものは、すぐにでも始めてみることをおススメします。

会社の命運は、経営者の判断次第です。労務面にも力を入れていくべき時代が、既に到来しています。

働き方改革ができなかった会社の最悪のケース

2-13 定額残業代は時間外労働を払わない必殺技？

時間外労働が多い会社では、定額残業代（固定残業代）を支払うことで、残業代の支払いをカバーしているところもありますが、本当にそれは認められるのでしょうか？

定額残業代（固定残業代）は魔法の杖なのか？

今では、かなり少なくなったのですが、**固定残業代**を支払うことで残業代を一切支払う必要はない、と思われている経営者もいまだにいらっしゃいます。

これは、完全に間違いで、あくまでも、固定残業代はそれに見合った時間外の労働時間分の残業代としか認められません。

また、この固定残業代を、固定残業代として認めてもらうためには、雇用契約書や就業規則に明示しておく必要がありますので、注意するようにしましょう。

手当のような記載をして、固定残業代を支払っているつもりでも、記載内容によっては固定残業代として認められない可能性があります。単なる手当の扱いとなってしまった場合には、追加で時間外労働の**割増賃金**を支払う必要がありますので、「固定残業代（月20時間分）として、〇〇円」みたいな記載を必ず雇用契約書などに盛り込むようにしましょう。

定額残業代（固定残業代）にメリットはない？

結局のところ、固定残業代は、その労働時間に見合った分としてしか認められないとなると、実質働いた分だけ、時間外労働を支払った方が合理的ではないか？　というお話も出てくると思います。その考え方は間違っていません。

一方で、その都度、残業代を計算するとなると、社員などが給与計算を行っている場合には、割増賃金の計算が毎回面倒になるといった側面があります。そういった場合に、固定残業代であれば、想定している時間外労働時間以下だった場合には、追加で割増賃金を支払う必要がないため、計算にかかる**事務負担**が減るというメリットがあります。

また、現場の従業員としては、固定残業代をもらえることは確定しているため、固定残業代として想定されている時間よりも労働時間を減らすことができれば、その分だけ得をすると考えることができますので、効率をアップしようと、やる気につながる側面があります。

このように、固定残業代については、様々なメリットが存在しますので、導入するかどうかは、現状を踏まえて検討するのがいいと言えるでしょう。ただし、固定残業代で想定する時間が月60時間分といった、長時間労働を前提としている場合には、過重労働と容認しているとして、認められない可能性が高くなることに注意する必要があります。

固定残業代の考え方とメリット

1 20時間分／月支給

月給（日給月給性制） 32万円　※他に手当がないケース

月所定労働時間 160時間

32万円÷160時間＝2,000円（1時間あたりの賃金）

2,000円×1.25＝2,500円

2,500円×20時間＝5万円

2 2時間分／日支給

日給 16,000円

所定労働時間 8時間／1日

16,000円÷8時間＝2,000円

2,000円×1.25＝2,500円

2,500円×2時間＝5,000円

固定残業代を支払うメリット

従業員の公平感
仕事が出来る人が得をする

給与計算の効率化

COLUMN

事務員と現場社員では対応が違うのか？

建設業の働き方改革において、事務員と現場社員では対応が変わるのでしょうか？　これについては、令和5年7月6日公表の「建設業の時間外労働の上限規制に関するQ&A」を参考にしていただくのがいいと思いますが、建設業について、時間外労働の上限規制の適用が猶予されている工作物の建設等の事業の範囲は、次のとおりです。

①土木、建築その他工作物の建設、改造、保存、修理、変更、破壊、解体又はその準備の事業
②事業場の所属する企業の主たる事業が上記①に掲げる事業である事業場における事業
③工作物の建設の事業に関連する警備の事業（当該事業において労働者に交通誘導の業務を行わせる場合に限る。）

そして、ここでは「事業」という文言が使用されていることから、本店や支店で働く人も対象になります。ですので、2024年の3月末までは、事務所にいる事務員さんも、この時間外労働の上限規制の適用が猶予されていることになります。

※2024年の3月末となっていますが、労働基準法第139条第2項にはカッコ書きに「令和6年3月31日（同日及びその翌日を含む期間を定めている第36条第1項の協定に関しては、当該協定に定める期日の初日から起算して1年を経過する日）までの間…」とあり、各会社ごとに時間外労働の上限規制の日が異なることがわかります。

したがって、現状では、事務員と現場社員とでは、適用範囲に関して違いはないということになります。ただし、それぞれの働き方改革に取り組むアプローチは、事務作業と現場作業で異なると思いますので、それぞれに合った解決策を練るのがいいでしょう（取組方法については、後述します）。

自分の会社が置かれている現在地を知る！

この章では、働き方改革に関する実践的なお話をしていきます。働き方改革を実現するには、「3本の柱」が必要です。それに関連するのは「お金」と「社員（人）」です。そして、どれくらい自社では働き方改革（理想）に近いのかについて、確認ができるようになっています。

3-1 働き方改革は会社の利益率アップから！

働き方改革と言えば、「時間外労働を減らすもの」と考えている経営者が多いと思いますが、それと今回お話をする「利益率」はどう関係性があるのでしょうか？

会社の利益率、把握していますか？

自社の**利益率**を把握していますか？　と、色々な社長に質問させてもらうことがあるのですが、この利益率の定義が、人によってかなり異なっています。中には、材料費や機械経費、外注費などを引いたものを利益と呼ぶ人もいますし、右記に加えて**人件費**などを引いた後のものを利益と呼ぶ人もいます。

これは、どちらも間違いではないのですが、結局のところ、会社に最終的にお金が残っていることが大切です。例えば、前者のように利益（前者の利益は、「粗利益」と言います）が残っていても、人件費などを払えば赤字になるとしたら、これは果たして利益が残っているといえるでしょうか？　そう考えますと、後者の方が、利益が残っているか否かの問いに対しての答えとしては、妥当といえそうです。

また、中には「**売上**」をものすごく重視する経営者の方もいらっしゃるのですが、売上がいくら上がっても、利益が出なければ（赤字であれば）、経営としては「失敗」していると考えた方が良いでしょう。まして、材料費や機械経費、外注費などを引いた時点で**粗利益**がほとんど残っていないような場合は、相当危険な状態であると認識した方がいいと思います。

働き方改革と利益率の関連性について

では、この「利益」というものが、働き方改革とどう関連するのかをお話していきます。利益が出ていない会社の特徴としては、そもそも受けた工事が、どれくらい利益が出るのかをきちんと把握していないことが多いです。実際に工事をやってみて、結果的に黒字だった、赤字だったみたいな感じで工事を手掛けている会社も少なくないのです。

本来ならば、そもそも工事を受注する段階で、この工事は利益がだいたいどれくらい出そうかを算出する必要があるはずです。その結果によって、原価を減らすための工夫を凝らし、できる限り会社に利益が出るように工事をするのがベターです。

そうなると、工事の**受注金額**が妥当なのか、**工事原価**が妥当なのか、といった検討項目が出てくるはずです。これらの作業を営業部門と施工部門で別で行っているとなると、このすり合わせがいかに重要なのかがわかっていただけるかと思います。

つまり、「コミュニケーション」が大事なわけです（これについては、後述します）。そして、こういった連携が取れていない、もしくは、まったく検討すらしていない会社ほど、会社の雰囲気は良くないところが多いように私は感じており、不満を持っている従業員が必ずいます。特に、優秀な従業員ほど、こういった

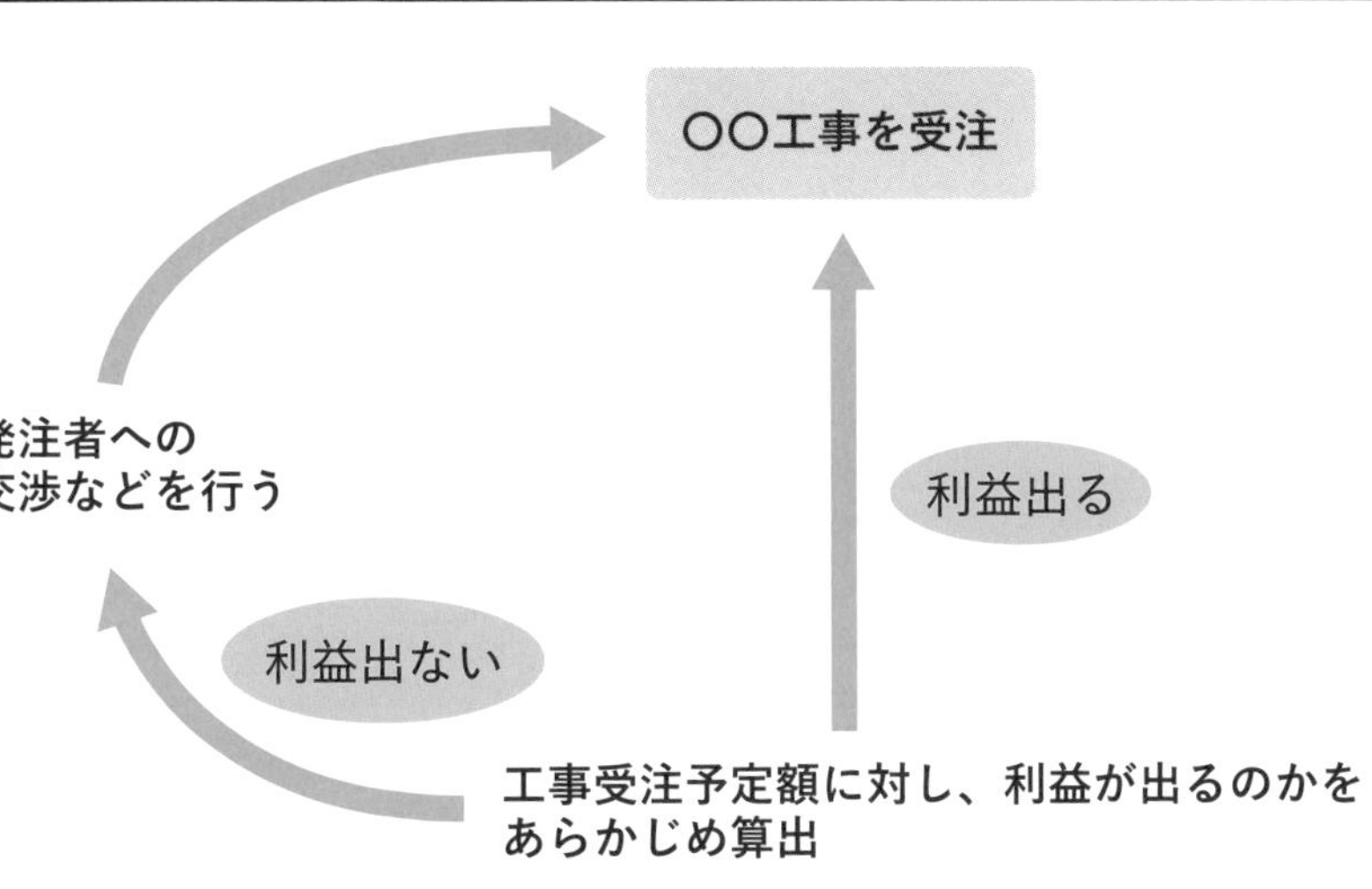

利益が出ていない工事をやっていることへの不満を多く持っています。利益が出なければ、会社は倒産してしまうかもしれないですし、何より薄利多売をしなければ、儲けがない状態ですので労働時間も増えてしまいます。そうなると、「もっとマシな会社に行こう」と考えはじめ、優秀な従業員から辞めていくのです。

こうなってしまっては、元も子もない話で、他の従業員よりも利益を上げてくれるはずの優秀な従業員から辞められてしまっているのですから、もっと非効率な工事をせざるを得ず、労働時間も増え、人件費もかさみ、結果的にどんどん赤字になっていくという負のスパイラルに陥ってしまいます。そうなると労働時間が増えているため、働き方改革から遠ざかっていることは一目瞭然です。

このような会社の場合は、生き残るために、そもそもの会社の体質を変えていく必要があるということになります。

何度も言いますが、本当に優秀な従業員ほど、こういったところには敏感です。本当に生き残りたいのであれば、誰もが羨むような会社を目指しましょう。

利益率の良さは働き方改革につながる

利益率が良い会社は、それだけ一つの工事に対する「儲け」が多いわけですから、効率よく従業員に対して、給与を支給できますし、何よりも働く時間そのものを減らすことができます。逆に、**薄利多売**であれば、建設業は、物販のように物を売る事業ではないので、人が動かなければ売上にはなりません。そうなると、長時間労働が当たり前となり、結果的に働き方改革から、どんどん遠ざかっていくことになるのです。

つまり利益率を意識することは、働き方改革を達成するために非常に重要ということがわかります。

ですので「売上」にだけこだわるのではなくこの先にある「利益」に着目するように意識を変えていきましょう。

会社に利益が残るようになれば、余裕が出てくるようになり、例えば、働き方改革に必要な**設備投資**などができるようになることから、好循環を生み出せるようになります。

利益とは何か？

○ 利益率が高い ➡ それなりの労働時間で収益確保が可能 ➡ 労働時間の減少

× 利益率が低い ➡ 薄利多売 ➡ 長時間労働

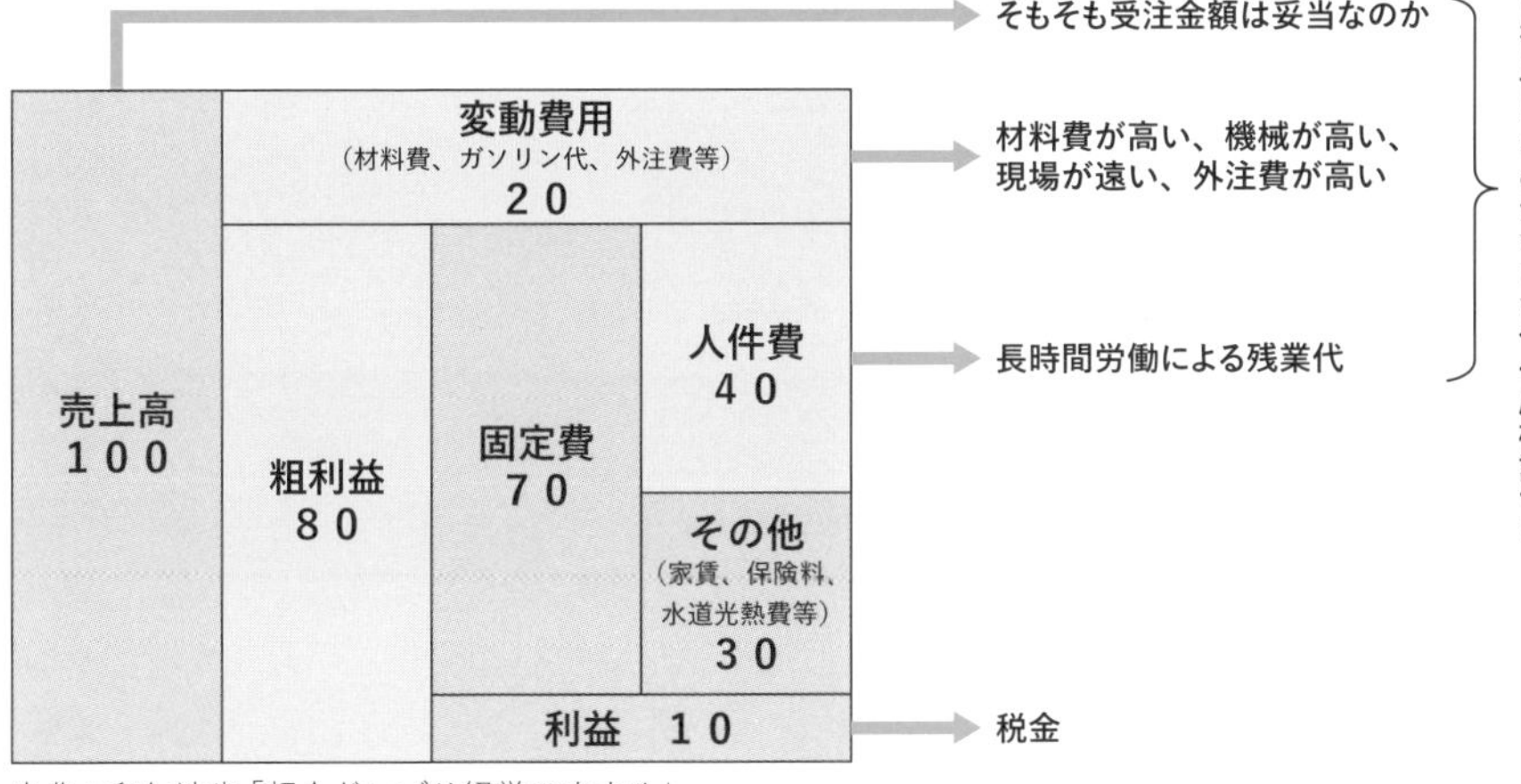

出典：和仁達也「超★ドンブリ経営のすすめ」

工事現場でも
コスト意識を
持つことが大事

3-2 働き方改革の3本柱

前節では、利益率についてお話ししましたが、働き方改革を真に行うために実行すべき3つの柱についてお話しします。

働き方改革を達成するための3本柱

企業は、お金（手元に残るお金＝利益）がなければ存続できないですが、それ以外にも大切な要素があります。人である「社員」がいることが必要です。

そして、この社員の働くことへの**満足度**が高く、なおかつ、能力が高ければ言うことはないはずです。そして、このような優秀な社員がずっと、自社で働き続けてくれれば利益は残るはずですよね（もし、この状態で利益が残っていないのであれば、それは、社員の働き方ではなく、そもそも会社として利益率の悪い仕事ばかりをしていることが要因かもしれませんので、各工事の利益率を算出してみることをおすすめします）。

ですので、これらを達成することができれば、残るは「労働時間の問題」だけになりますので、その原因を究明すればよいのです（やりかたやヒントについては、本書で解説しております）。

働き方改革に必要な要素とは？

まとめると、働き方改革に必要なことは、いかに「お金」を確保し、「**優秀な人材**」も確保できるか、ということになります。

さらに、その社員たちが能力を発揮できる職場づくりができているか、ということに落ち着きます。

後は、立場（元請・下請）により自由度も変わってくるのが建設業界ですので、それについても次章以降で触れていきます。

働き方改革の3本柱

人材採用
雇用定着
（優秀な人材の
確保）

両端に支えられて
成立するもの

コミュニケーション
の改善
（チーム力アップ）

利益率 UP
（改善）

みんなでやること!

経営者がやること!

3-3 従業員の気持ちを理解すれば働き方改革はできる

働き方改革における問題点として、何がそもそも自社では問題なのかを理解せずに、単純に経営者の判断で残業時間を削るように指示しているケースが見受けられます。

従業員の話に耳を傾けましょう

働き方改革における多くの問題は、「**コミュニケーション不足**」から起こっています。そもそも経営者と従業員では、知っている知識や情報量に大きな差があることを、経営者としては知っておくべきなのです。社長や役員が当たり前の知識だと思っていることも、実は従業員のレベルでは当たり前でないことも多くあるのです。

しかしながら、この働き方改革を実施していく上では、従業員の協力は必須です。そして、従業員が実際に現場で働いているのですから、従業員の言葉に経営者として耳を傾けるべきなのです。従業員の視点だからこそ、感じていることもあるはずです。そして、会社が生き残れるかどうかは、従業員の働きぶりにかかっているのも事実です。そう考えますと、会社として一致団結して、この働き方改革に対して乗り越えていく姿勢こそが大事なのではないでしょうか？

経営者と従業員のそれぞれの不満とは

会社として、雰囲気が良くない会社は、経営者も従業員もそれぞれが必ずと言っていいほど不満を持っています。そして、その不満は、経営者であれば従業員に対して、従業員であれば経営者に対して持っている不満が多くあるのです。中には、従業員同士（部門別など）で不満を持っていることもあるでしょう。

それぞれがそれぞれを「わかってくれていない、理解してくれない」で片づけるのは非常にもったいないことです。是非、この働き方改革を機会に、文句ではなく、「意見」として話し合ってみるのがいいのではないかと私自身は感じています。

そして、社内全体で様々な話を共有することで、見えてくる課題などが必ず存在します。先ほどお話した工事の受注金額などはいい例ではないでしょうか？例えば、営業が施工部門の人間の意見を聞いていればこんな金額で受注していなかったのに、みたいなことは実際よく起こることですが、お互いがしっかりとコミュニケーションをしていれば、このような事態は回避できるはずです。

今まで上手くいっていなかったことについて、前向きに積極的に意見を言える場を設け、共有してみましょう。

この会員が、何かしらの共通認識を持てるようになることがとても大きな一歩となります。

従業員が知っている情報量の多さに驚く

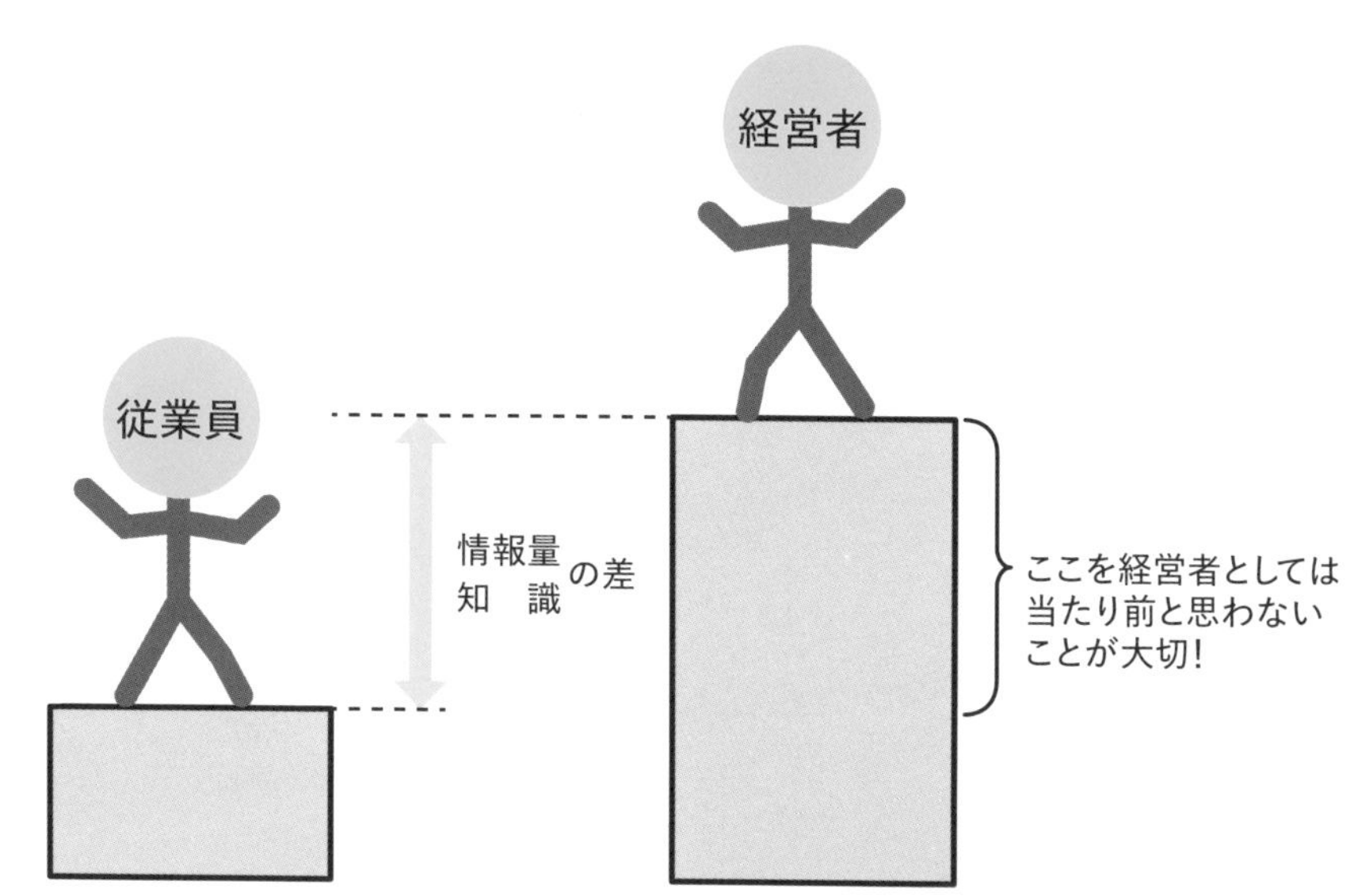

3-4 今すぐに改善できることを考える

これまでにも、「社内のコミュニケーション」が大切なことを話してきましたが、実際に改善に向けて取り組むことこそが大切です。ここでは具体的な方法について解説します。

改善するために会社全体で何をするべきなのか？

私としては、これが「働き方改革をする上で、一番大事」と考えているのですが、それがこれまでお話してきた「社内でのコミュニケーション」ということです。

そして、この**社内コミュニケーション**と言っても何をすればいいのか、と思われると思いますので、私がコンサルティングをする際に実践している方法について、お話しします。

まず、従業員全員が集まれる日と会場（社内の会議室などでも可）を用意しましょう。そして、4〜5人程度のグループをいくつかに分けます。その中には、会社の規模にもよりますが、営業部門の人、事務の人、現場の人（監督・職人）といったように、それぞれの部門を混在させるようにします。加えて、全体の進行役を別に決めておきます（この進行役を私が普段行っています。）。

その上で、人数分のペン・付箋とグループ数に応じたA1サイズ以上くらいの大きな用紙を準備します。その上で、テーマを決めましょう。例えば、「会社の生産性を上げるためには？」「残業時間を減らすためにできること」といった感じです。そして、テーマを基にそれぞれの立場で普段感じていること、考えたことをどんどんアイデアとして、付箋に書いて、用紙に貼り付けていきます。

ここで、ポイントになるのは、「人の意見を絶対に否定せず、耳を傾ける（聴く）」「正直に自分の気持ちを伝える」ことです。どんどん、従業員が前向きに意見を言い合えるように、また言いやすいように場を醸成することが大切になります。これは、進行役の人が行うのがいいでしょう（進行役は、できれば第三者目線で会社と接することができる人の方がやりやすいです。

そして、「何でもいいから思ったことを書いてください」、「普段言いづらいことでもOK」というように後押しをしてあげてください。そうすれば、色々な意見が出てくるはずです。この**ミーティング**には、経営者の参加ももちろん大丈夫です。ただ、その場合は、参加者である従業員が意見を言いやすいように工夫をする（今日は、意見として思ったことは言ってほしいといった姿勢を態度で示す）ことが必要です。

その後、出てきた意見をもとにグループ内で、会社ですぐにできそうなこと、時間がかかりそうなことといったような分類をしていきます。そして、最後にまとまった意見を、発表役を決めて、他のグループに向けて発表する時間を設けます。

おそらく、時間がかかりそうなことの大半は、抽象

組織の成功循環モデル

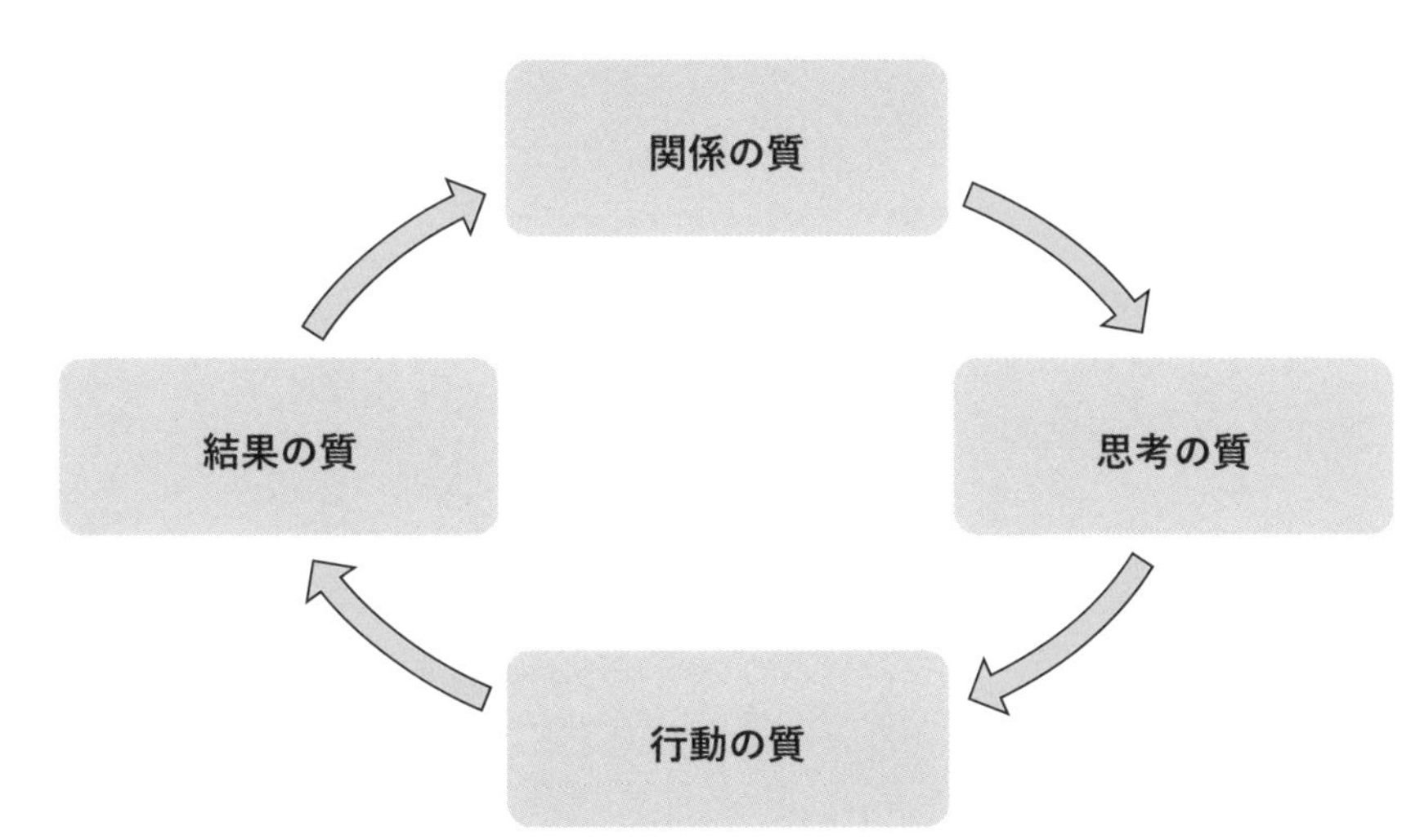

ダニエル・キム

度が高そうなものか、組織全体（色々な部署が絡むようなこと）に関わるようなものが多くなると思います。逆に、すぐできそうなことの中には、本当にすぐできそうなものも多くあると思いますので、積極的に採用するようにしましょう。

ここで大事なことは、コミュニケーションを通じて、社内全体の雰囲気を良くすることや他の従業員が考えていることを把握（共有）することにあります。これによって、「みんなこんなことを思っていたんだ」といった色んな気付きを得られるはずですし、お互いの考えていることをオープンにすることで関係性が良くなっていくはずです。

このミーティングの目的は、「自分たちの会社では何が問題になっているのか？」ということを、従業員自ら「自分ごと」としてとらえてもらうことにあります。そして、それぞれが同じ共通認識で、働き方改革に取り組んでいけるよう、会社全体の風土を盛り上げていくことにあります。自分ごとにならなければ、人は動きません。だからこそ、このミーティングを行う意味があるのです。

そして、このような「**関係の質**」を向上させることこそが、働き方改革における大きな一歩となります。前ページの図にありますが、関係の質が向上すれば、思考の質が向上し、思考の質が向上すれば、行動の質が向上し、行動の質が向上すれば、結果の質が向上します。これは、マサチューセッツ工科大学のダニエル・キム教授が提唱した「組織の**成功循環モデル**」というものです。

つまり、関係の質が向上すれば、最終的に結果についても質が向上するのです。会社という組織である以上、どれだけ団結力があるかが、試されることになります。だからこそ、他部門の従業員を含めて、会社としてチームで力を発揮できるかが非常に大事になります。

ここに気付けずに、部門ごとに働き方改革で残業時間を削減しましょう！といったところで無理な部分もあるわけです（各部門のみで取り組めることがあれば、それは平行してどんどん取り組みましょう）。結局、建設会社で利益を上げるには、利益の出る工事を施工する以外にないのですから。そう考えれば、適正な価格で営業部門が工事を受注し、できる限り工事原価を下げて施工できるように施工部門が工程などを管理し、事務員さんに裏方仕事をしっかりとこなしてもらうことこそが、生き残る術なのです。そのためには、各部門がそれぞれコミュニケーションを取ることが必要なのは言うまでもありません。中小企業であれば、部門が重複していたり、経営者が部門の一部を担っていたりすることがあると思いますが、それであれば、是非、経営者と従業員さんのコミュニケーションを大切にしましょう。社長が見えていない部分を、従業員がカバーしていることも絶対にあるはずです。ここをないがしろにせずに、まず、第一歩として実践してほしいと思います。

いきいきしている組織になればなるほど（関係の質が向上すればするほど）、様々なアイデアが出てきます（思考の質が向上します）し、その結果、社員が能動的に行動してくれて（行動の質が向上し）、結果につながっていきます。

ですので「コミュニケーション」を大事にしていきましょう。

働き方改革版「社内ミーティング」の活用方法

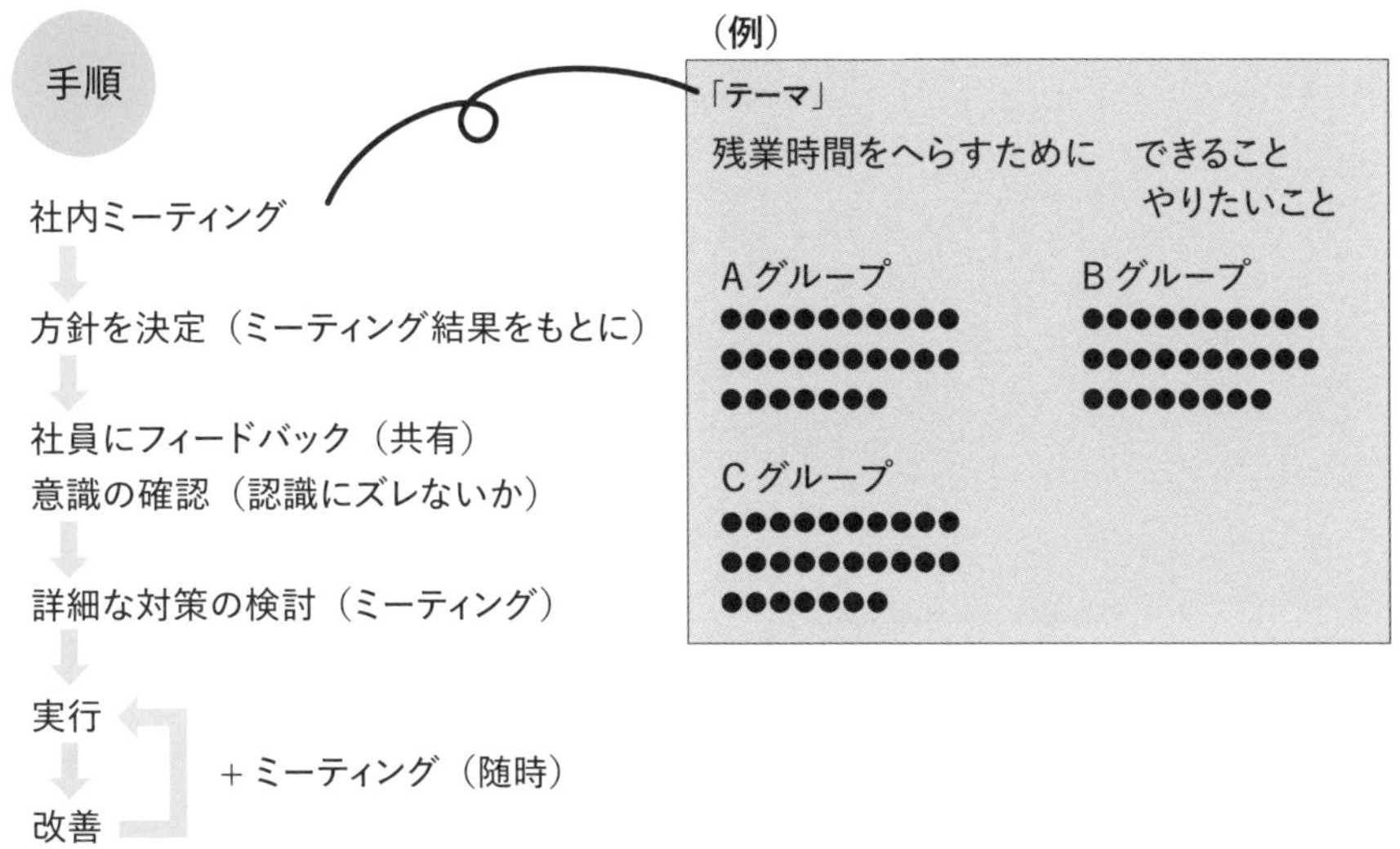

手順

社内ミーティング

↓

方針を決定（ミーティング結果をもとに）

↓

社員にフィードバック（共有）
意識の確認（認識にズレないか）

↓

詳細な対策の検討（ミーティング）

↓

実行

↓

改善

＋ミーティング（随時）

（例）

「テーマ」
残業時間をへらすために　できること
やりたいこと

Aグループ
●●●●●●●●●●
●●●●●●●●●●
●●●●●●●

Bグループ
●●●●●●●●●●
●●●●●●●●●●
●●●●●●●●

Cグループ
●●●●●●●●●●
●●●●●●●●●●
●●●●●●●

3-5 これだけは絶対にやってはいけないこと

前節では、今すぐにやるべきことについてお話ししましたが、逆に、これをやっては働き方改革ができない、と色んな会社を見ていて、感じたことについてお話しします。

ワンマン社長は要注意！

働き方改革は、従業員さんが希望を持って、あなたの会社で働けるように導いてあげることです。だからこそ、ワンマンでやっている社長は要注意なのですが、従業員が意見を言えないような環境はご法度です。

これまで、本書を読んでいる社長であれば、おそらくおわかりになると思いますが、従業員の会社に対する満足度は待遇面だけで決まるものではありません。人には、「自分のことを認めてもらいたい」という**承認欲求**があります。これは、**マズロー**の5段階欲求でも有名なお話ですが、従業員にとって、自分の意見を認めてもらえることは非常に大切です。

ですので、逆のことを言えば、「俺の意見にしたがっていればいい」的な感じですと、社長とよほど馬が合わない限り、従業員はどんどんと会社に居心地の良さを感じられなくなり、優秀な従業員ほど、転職する確率は高くなります。まずは、従業員さんが意見を言える場があることが大切です。

残業を削減しよう！　というスローガン

これもほとんど機能しないのですが、単に会社として「時間外労働を削減する」という非常に抽象度の高いスローガンを掲げて、具体的な策は、各現場にお任せみたいな場合です。

現場は、既にいっぱいいっぱいのことも多いです。その中で、具体的な対策の提案もなく、頑張って時間外労働を削減してと言われても、逆効果で、従業員の気持ちが離れていくだけです。時間外労働を減らせ、と言うだけであれば簡単ですが、実際に削減するとなると、何をどう削減するのかという話になるはずです。これを各個人にお任せにして、経営者が一切関与しないようなケースだと、実現できるはずがないです。

是非、全社一丸となって取り組みましょう。

何か便利なツールはないかと検討する

これも意外と多いと思いますが、近年は**DX**（デジタルトランスフォーメーション）と呼ばれるものが流行っており、簡単にいうと、デジタル技術を用いて、**生産性**を上げていこうといったお話です。建設業界の界隈にもこのDXを進めていこう！みたいな風潮がありますが、この章でお話しているように、まずは「コミュニケーション」が必要です。そういったこともしないうちに、DXを導入したところで、誰も使わないかもしれませんよ？　という話になるわけです。本当に必要なのか、それによってどれくらい生産性が上がるのか？　一度社内全体で話し合ってみてもいいのではないでしょうか？

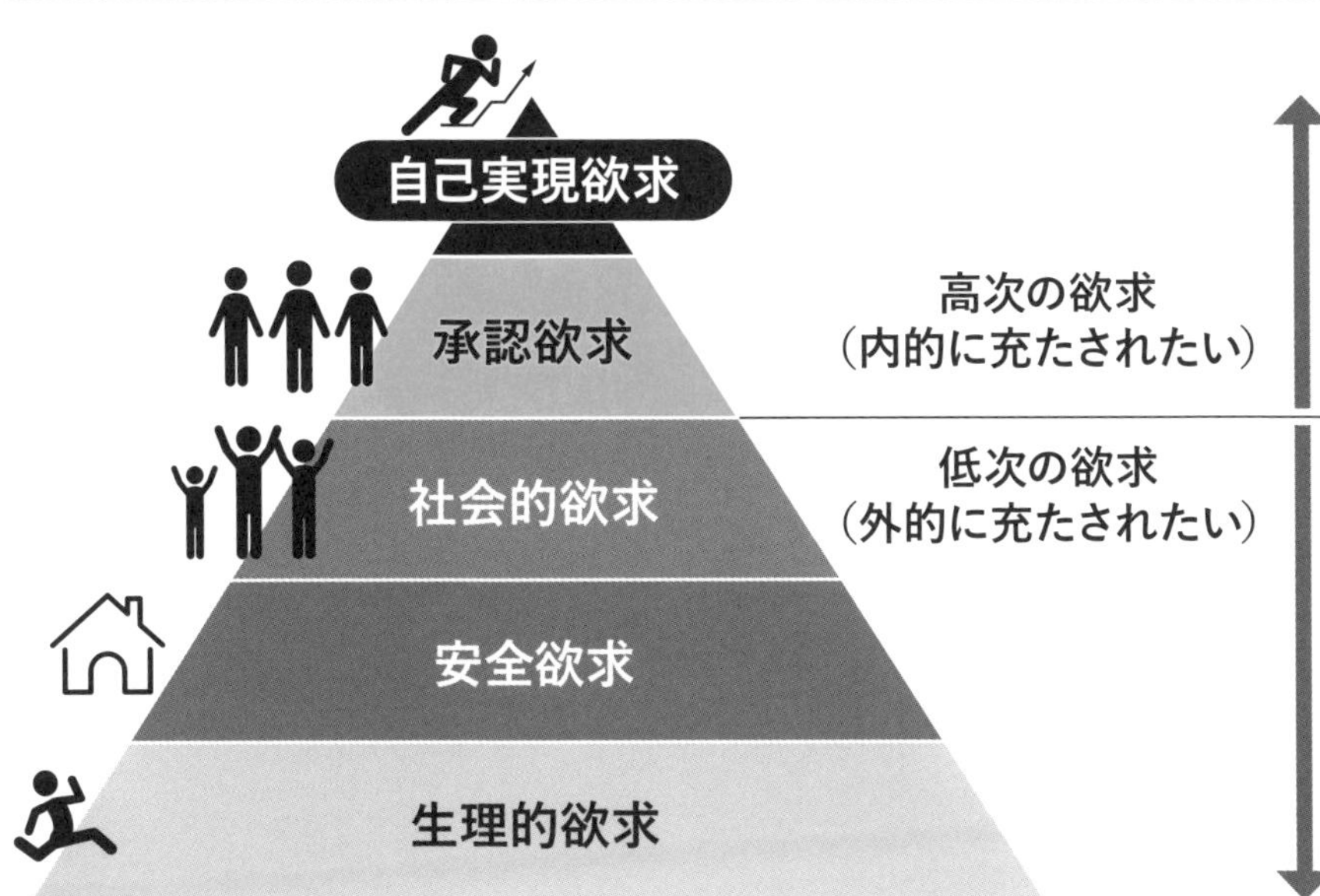

3-6 建設業界の立ち位置MAPで実現度を診断

今、自社の置かれているポジションによって、働き方改革をしやすい会社もあれば、非常にしづらい会社もあります。それをいくつかの質問によって、実現可能性を診断します！

働き方改革を実現しやすい会社とは？

どういった会社が働き方改革を実践しやすいのかといいますと、とにかく、**元請会社**の方が実践しやすいでしょう。これは、誰もが納得するかと思いますが、元請会社であれば、**工期**や**人員配置**も自社で行えるわけです。極論を言ってしまえば、現場監督だけ自社で、残りをすべて外注してしまえば、労務管理自体は、自社は現場監督だけになるわけですから、このような事情も含めると、管理のしやすさから言って、間違いなく元請会社であるといえるでしょう（とはいえ、元請には元請の苦労がありますから、それについては、第5章にて解説します。）。

では、**下請**をしている会社は無理なのかというとそんなことはありません。ただ、本当に都合よく元請に使われているような会社であれば、実現できるかどうかで言いますと、かなり難しいかもしれません。

下請といいながらも、しっかりと自社の意見を元請に対して要望し、取り入れてもらえる会社や、元請が働き方改革の実施に対して、積極的であれば対応もしやすいと思います。このあたりは、やはり元請次第の要素が強いので、**下請会社**は働き方改革を実現できるかで言えば、融通が利きにくい部分はあると思います。では、下請会社はどうすればいいのかというお話になりますが、これについては、第4章で解説をしていきます。

働き方改革の診断度MAP

	はい	いいえ
①働き方改革がいつから始まるか知っていますか？ また、法律の施行にともない、取り組まなければならないことが何か知っていますか？		
②受注している仕事の大半は、元請ですか？		
③(②で「はい」と答えた場合) 経営者が現場の仕事量を把握していますか？ (②で「いいえ」と答えた場合) 元請が複数いますか？		
④(②で「はい」と答えた場合) 外注先がたくさんいますか？ (②で「いいえ」と答えた場合) 元請に対して意見を言えますか (要望が通りますか)？		
⑤働き方改革に関して、すでに何か実践していることはありますか？		
⑥普段から利益率を意識して仕事を受注していますか？		

はいが5つ以上：働き方改革実現可能度70%以上
はいが4つ以上：働き方改革実現可能度50%以上
はいが3つ以上：働き方改革実現可能度30%以上
はいが2つ以下：働き方改革実現可能度20%未満

働き方改革を実現するための自由度について

元請

自由度　大

下請

・複数の元請がいる
・元請と細かな調整が可能
・現場が近い
・マネジメントできる社員が多い
・(さらに下請となる) 外注先がたくさんいる

・1社の専属かつ労働環境が悪い
・元請に従うしかない (意見を言えない)
・現場が遠方ばかり

3-7 立ち位置がわかれば何をすればいいのか見える

前節にて、ほぼ答えを述べていますが、足りていないものがあれば、それを正していくだけということになります。ただ、もう少し、突っ込んだお話をここではしていきたいと思います。

働き方改革を本当に実現したいですか？

本書を読んでいただいているということは、ほとんどの方が働き方改革を実現したい経営者もしくは人事担当者だと、私は想像していますが、診断度でほとんど「いいえ」だった場合には、どのように対応していけばいいんですか？　という声が出ると思いますので、それについてお答えします。

前節の**診断度MAP**については、あくまでも「経営者」からの視点として、掲載をさせていただいております。他にも、従業員さんのモチベーションはどうか？といった要素も当然含まれてくるのですが、その部分については、会社の取組次第で何とかなる問題ではありますので、あえて割愛しています。

結局のところ、働き方改革を実現できるかどうかは、「**経営者のマインド**」「**外的要因**」「**内的要因**」の3点にかかっています。

まず、そもそも働き方改革を実現したいというマインドを持っていない経営者は、正直、論外だと思っています。会社の方針がはっきりしていないのに、従業員に残業代を減らせといったところで、従業員に響くわけがないからです。しっかりと、会社の方向性を示していけるのは、経営者しかいません。そのため、社長を含め、経営陣が「絶対に働き方改革を実現するんだ」という強いマインドを持ち、社内に浸透させる必要があります。

外的要因・内的要因について

外的要因については、仕事を元請・下請どちらで行っているかということです。すごく端的に言いますと、自社の仕事の自由度はどれくらいあるのか？というお話です。例えば、仕事のスケジューリングが調整しやすい会社であれば、内的要因である会社の利益率をどう改善するかなどに目を向けていくべきです。

逆に、自由度がないのであれば、どうやって自由度の高い仕事を獲得できるのかといった問題を考えることに注力すべきです（外的要因を自分たちで変えていくということです）。

分けてしまえば、単純なお話ですが、これを実行するのが難しいわけです。少なくとも、これまでの取引先との関係性があり、なかなか断りづらい仕事もあると思います。しかしながら、本気で働き方改革を実現したいのであれば、それだけ本気でこれからのことを考えなければなりません。

内的要因としては、社内コミュニケーションや業務効率化といったことが挙げられますので、どうすれば、会社としていい方向に向いていけるのかを今一度、少し客観的な目線で考えてみましょう。これは、経営者だけでもできると思います。、これまで、やってきていることを振り返ってみて、客観的にどうしていくのが会社にとっていいのかを足を少し止めて考えてみてもいいのではないでしょうか（その際に、どんなこともまずはアイデアとして出してみることをおススメします。ペンや付箋を準備して取り組んでみましょう。）。

いずれにしましても、まずは会社として、どう舵を切るかは経営者が決めることですので、じっくりと考え、従業員の意見にも耳を傾け、真剣に考えるようにしましょう。

始めから、進む方向を間違えてしまいますと、到着するゴールも異なってしまいますので、まずは、会社の目指すべき正しいゴールを定めて、行動できるようにしましょう。

劇的に改善できる方法というのは、この建設業の働き方改革にはないと思っています。地道に一つ一つ自社の課題を少しずつ解決していきましょう！

3-8 自分の会社と他社を冷静に比較する

建設業界は、色んな建設会社が同じ現場に入っていることから、それぞれの会社の内情が気になったりすることもあると思います。労務管理の取組具合は、会社の風土によって全く異なります。

他社の状況を知ることのメリットについて

働き方改革に限らずですが、普段の経営において、他の会社がどのような動きをしているのか気になったり、やりとりしたりしていることもあるのではないでしょうか?

情報交換をしている中で、気付きがあると思います。また、同じ現場であれば、他社の従業員の行動などを見ていれば、見えてくることもあると思います。

しっかりと、チームで効率よく作業をしているとか、作業中のコミュニケーションが取れているとか、**施工管理**をしっかりと自社で行えているとか、色んなことが見えてくると思います。

そして、その会社が上手くできているのであれば、なぜ上手くいっているのか、何をしているのかを考えてみましょう。

逆に上手くいってなさそうな会社であれば、何がダメなのか冷静に見てみましょう。

どちらかというと、上手くいっていない会社のほうが多いですから、まずは焦らずに冷静になって、自社の課題を一つ一つクリアしていくことに注力していきましょう。

労働基準監督署がやって来る可能性があるとお伝えはしましたが、劣悪な環境下で、明らかな法令違反の意思を持っていない限り、時間外労働に関していきなり罰が科されるなんてことは、まずないはずですので、真摯に労働環境の改善に向き合いましょう。

他社を見てアイデアを得る

3-9 他社の働き方改革の事例を取り入れる

自社の中だけだと、なかなか解決方法が見えないこともあります。そういった時には、是非、外部の力も借りてみましょう。考えもしなかった解決方法が見えてくるかもしれません。

他社を参考にするメリット

他社の事例をすることは非常に大切です。自分の思考の外にいくためには、他社の事例などを知ることが一番の近道だからです。

例えば、何か現場で便利なツールを使いたいと思った時に、一番手っ取り早いのは、自社と同じ業種で、何かしらの便利なツールを使用している会社に聞くことです。近年だと、有名なところとしては、ドローンを建物の点検に使用することで、足場をかけることなく調査ができたり、土量を計算する時も、ドローンを使用することで、1人で簡単に作業が可能で、かつ、**作業量**を大幅に短縮するといったことが挙げられます。あとは、現場状況をウェアラブルカメラを使用することで、遠隔での確認を可能にし、技術者の移動時間を減らすといったこともあるでしょう。

他にも、自社で簡単に活用できそうな便利なツールがあるかもしれませんので、そういった簡単に導入ができて、効果の出るものであれば積極的に活用すべきだと思います。

また、**勤怠管理**についても、現在は、クラウドなどの様々なツールがありますので、もし、便利で使用できそうと思うものがあれば、体験してみるのはありだと思います。実際に導入するかどうかについては、まずやってみないとわからないところもありますので、とにかく体験してみることをおススメします。

現在では、**YouTube**やX（Twitter）などの**SNS**などを活用している建設会社も増えてきており、SNSなどを活用している会社は、他の建設会社よりも積極的に情報発信をしていることもあり、最先端の技術に詳しいところがありますから、興味・関心がある場合は、積極的に情報発信している方々が設けている交流の場に赴き、意見交換をし、いい事例が他社にあれば、飲みの場なども上手く活用しつつ、どんどん共有してもらったりするといいでしょう。

　便利なツール以外にも、社内で行っているアナログ的な取組の中にも参考になるようなことがあるかもしれません。思いがけないヒントが得られることもありますので、積極的に交流してみてはいかがでしょうか？

　もし、交流が難しい場合には、最先端の技術については、展示会が行われていることも結構ありますので活用してみてはいかがでしょうか？　実際に体験ができるブースもありますのでおススメです。

厚生労働省の働き方改革成功事例

CASE STUDY　働き方改革のポイント

取組1　「4週6休」から「4週8休」へ

効果　従業員から「家族と過ごす時間が増えた」「身体をしっかり休ませられた」など喜びの声が増え、ワークライフバランスが向上した。今後、人材確保面についても、休日数増加による効果が出てくるのではないかと期待している

取組2　ICT施工技術の導入

効果　属人化（熟練工頼り）の改善・省人化、作業日数の短縮・人工の削減、事故発生のリスクの低減、生産性向上などの効果があった。機械を導入することで業務の平準化が図れ、新人でもいろいろな仕事にチャレンジできる魅力的な職場作り、企業イメージの向上も期待できる

取組3　多能工化を積極的に推進

効果　様々な業種を経験できるよう資格取得のサポートに注力し、人材を育成することにより、従業員それぞれの仕事の幅が広がり、多能工化の実現を図っている

（出典）大津建設株式会社

COLUMN

「そのうちやるよ」はほぼやれない

時間がある時にやろう、と思ったことは、後になってみると、実際にできていないことが多くないですか？

これは、どれだけ重要な仕事であったとしても、緊急でなければ、後回しにされがちだからです。逆にそこまで大したことがない仕事であったとしても、期限があるなど、緊急であれば取り組まざるを得ません。そうこうしているうちに、大事な仕事はどんどん後回しにされてしまうのです。

今回の働き方改革も全く同じことが言えると思います。

働き方改革に伴う時間外労働の削減は、今後、建設業界でも非常に重要なものになっていくことが予想されます。

しかしながら、法律施行前にもかかわらず、ほとんどの会社が、この働き方改革の実現を難しいと答えている現状を考えると、まさに「重要だけれども緊急でないから、後回しにされている」感が否めないところです。

特に、会社の社員のキャパシティがいっぱいいっぱいであればあるほど、この働き方改革の問題は後回しにされがちです。

ですので、これにストップをかけるためにも、経営者がビジョンを明確にし、その状況を打破しなければなりません。

そこで、何とか社員のみなさんに働き方改革について話し合う時間を作ってもらいましょう。もしかしたら、今の忙しい状況も、みんなで話し合うことで打開できるかもしれません。各々が独立して仕事をしている組織ほど、非効率なものはありません。現状の状況を共有するだけでも改善できることはきっとあるはずです。

そして、その一歩を踏み出すことで、徐々に働き方改革実現へのアクセルがかかります。最初の一歩が大変だとは思いますが、まずは、やってみましょう。

「下請業者」のための働き方改革達成方法

この章では、主に下請業者が、どのようにして働き方改革を実現するのかについて述べています。ただ、「自社の強み」といった部分については、元請業者であってもお客様に選ばれるためには必要なので、是非、元請業者の立場の方であっても読んでほしい内容になっています。

4-1 自分の会社に強みがあるかが分岐点

下請業者であったとしても、「USP」は今の時代を生き残るのに絶対に必要です。USPとは何なのか、どうやってつくっていけばいいのか、なぜ必要だと言えるのかについてお話します。

そもそもUSPとは

USPとは、「Unique Selling Proposition」の略で、簡単に言うと「**独自の強み**」ということです。

これは、私も起業当初、私のビジネスにおける師である遠藤晃先生から教わったものです。そして、このUSPは、今後、建設業界で生き残っていく上で、必ず必要なものになります。

なぜ、USPが必要なのか？

なぜ、必要かといいますと、「お客様から選ばれやすくなる（選ばれる理由がある）」、「価格以外で勝負できる」メリットがあるからです。これまでお話したとおり、働き方改革において、利益率を上げていくことは、非常に大切です。

そのためには、「価格」以外の部分でお客様（元請業者）があなたの会社を選ぶ判断基準を作ることが非常に大切になります。それが「選ばれる理由」ということになるのです。

そして、この考え方は、元請業者であっても同様に大切になります。元請業者も利益率を上げていくことが大切で、そのためには、お客様から「選ばれる理由」が必要なのです。

では、この選ばれる理由をどうやって作ればいいのでしょうか？

どうやってUSPを作るのか？

これは、「一点集中」「一番乗り」「No.1になる」ことが大切です。

「**一点集中**」についてですが、選ばれるためには、何か「特化」している分野があることが大切です。私で言えば、「建設業専門」で社会保険労務士・行政書士事務所を経営しているのですが、正直、建設業専門の社会保険労務士事務所なんて全国を探してもほとんどないのです。私の事務所がある地域だけで言えば、おそらく私だけでしょう。

他の事務所では、色んなことをやっています。しかし、この「何でも屋さん」は、何でもできると言っているので一見選ばれやすそうに見えるかと思いますが、お客様目線で言えば、何が得意で、何ができるのかがよくわかりません。ですので、実は、何でも屋さんは逆に選ばれにくくなってしまうわけです。

だからこそ、専門性があり、他とは色が明確に違う私の事務所は、建設業者の方から選ばれやすくなっています。この発想をあなたの会社でも応用できないですか？　ということです。

次に、「**一番乗り**」についてですが、これは、その分野で一番最初にやるということです。これも私を例に出すと、私の周辺では建設業「許可」を専門にやっている行政書士事務所はそれなりにあります。しかしながら、「建設業専門で税金以外のことはだいたい相談できる事務所」はなかなかないと思います。「建設業専門」事務所は、先ほども申し上げたとおり、周辺の士業事務所では誰もやっていません。つまり、これが「一番乗り」ということです。

そして、大切なことは名乗っていることを知ってもらうことです。いくら一番乗りだったとしても、2番手があたかも一番手だと言い張って、有名になられてしまえば、もはや一番乗りとは言えなくなるわけです。

これも遠藤晃先生から伺った例え話を引用します。アメリカ大陸は、なぜアメリカ大陸というのか知っていますか？　諸説があると思いますが、アメリカ大陸を歴史上、最初に発見したのはコロンブスだと言われています。しかし、名前は、「コロンブス大陸」にはなっていないですよね？　これは、コロンブスがアメリカ大陸を最初に発見した時は、コロンブスが新しい大陸を発見したとは思わなかったからだそうです。

その後、ヴェスプッチという人がアメリカ大陸を発見した際に、「新世界」という論文を世に発表したことでヴェスプッチの方が有名になったわけです。そして、このヴェスプッチの名前が、「アメリゴ・ヴェスプッチ」なのです。

どうでしょうか? 一番乗りは、必ずしも本当に一番乗りかどうかということではないのです。場合によっては、二番手以降でも一番乗りになれる可能性があります。そういった意味でも、SNSなどでの情報発信が大切です。

建設会社で、**情報発信**ができる所は非常に強いです。SNS発信が上手くできている会社は、少なくとも経営自体が上手くいっているところが多いです。それだけ、世の中の色んなところにアンテナが立っているからでしょう。さらに、建設会社は情報発信力が弱い会社が多いと思いますので、今すぐやれば、一番乗りになれるでしょう。

最後に、「**No.1**」になるですが、これは選ばれる理由としては非常に重要です。何故、あなたを選ぶのかと聞かれた時に、「私がNo.1だからです」と言えるのは、本当に強いと思います。No.1であれば、お客様があなたを選ぶ理由は明確です。ですので、No.1になれる部分を見つけることが非常に大切になります。施工実績や顧客満足度など色々考えられるものはありますが、No.1になるために、何だったらなれるのかを考えましょう。

そのためには、とにかく「自社の強み」を尖らせていくことが大切です。

あなたの会社では、どうでしょうか? 是非、考えてみてください。

以上、USPの大切さをお伝えしてきました。お客様が、あなたの会社を価格以外で選ぶ理由を作りましょう。そして、できあがったら、知ってもらえるように努力をしましょう。認知されるまでには、少し時間はかかるかもしれませんが、長い目で見た時に、きっと会社にとってはプラスになっているはずです。ですので、継続して、根気よく取り組みましょう。

USPを作ることの大切さ

自社の強みが差別化されている（1点集中、1番乗り、No.1になる）
➡ 情報発信をすることで元請になれるかも

元請から選ばれやすい、選んでもらいやすい
（選ぶ基準が明確、価格以外でも勝負できる）

元請を逆に選べるようになる（価格交渉がしやすい）

自社にあった取引先だけになる（利益率が上昇）

無料で使える情報発信ツール

YouTube

メリット➡動画で発信できるので、情報量が多い。
投稿した動画が蓄積される。
ホームページに動画を貼り付けたりもできる。
デメリット➡編集をし、投稿する場合、手間になる可能性がある。

X（Twitter）

メリット➡手軽に発信できる（投稿が簡単）。
デメリット➡YouTubeなどと比べると、文字がメインのため情報量が少ない。

他のSNS

Instagram、TikTokなど

ポイント それぞれ特性（メリット・デメリット）があるので、
使用できそうな（続けられそうな）ものから、まず始めてみましょう。

4-2 会社の「意識」改革が働き方改革の第一歩

前節でUSPをつくることが、今後、生き残っていくために必須なことはお話しました。そして、これを会社全体に意識を浸透させる必要があります。

意識改革の旗を振るのは、経営陣

これまでずっと何となく**下請業者**として会社を経営していた人には、少し耳が痛くなるお話をしますが、本気で働き方改革をしていくためには、「人材確保」「情報発信」「利益率アップ」が必須です。

さらに、選ばれる会社には、選ばれる雰囲気があることを知っておく必要があるでしょう。私も色々な企業を職業上見てきているので、現場の雰囲気や社内の雰囲気で、コミュニケーションが上手くいっているかどうかはだいたいわかります。本当に社内の雰囲気づくりができている会社は、できていない会社とは全く違うのです。

これは、やはり、社長が会社全体でコミュニケーションがとりやすい風土づくりに取り組むという意識が強く、それが従業員にも浸透しているからでしょう。このような会社では、従業員も社長などの経営陣を尊敬しており、統率がしっかりと取れていることが多いです。

つまり、経営者が会社の進むべき方向性などを明確に打ち出しており、しっかりと旗を振っていることも大きな要因なのです。加えて、行動力が伴うことで、実現力が向上し、従業員も「働くことの意義」を感じやすくなり、働くことへの充実感や達成感を得られやすく、士気も向上するという好循環になっているわけです。

魅力のある会社には人が集まる

右記のような会社には、自ずと人は集まります。なぜかというと、会社の雰囲気のよさは、求人などにも現れるからです。まず、情報発信の仕方が違います。SNSや自社ホームページの力の入れ方もそうですし、従業員さんが率先して協力してくれる風土ができていれば、求職者から見てもその雰囲気が伝わってきますので、「この会社で働いてみたい」と思うのは、当然だと思いませんか？

その他にも色々な工夫をされているのですが、まずは、「この会社は楽しそう」と少しでも思ってもらえる工夫や取組が大事なのです。今は、本当に人手不足になっている企業が多いので、求職者の取り合いになっている部分は否めないと思います。だからこそ、「選ばれる理由」が必要なのです。人がいなければ、企業は成立することができません。

継続は力なり！

この話を聞いて、もし、今できていなければ、まずは少しずつ、やれることをやってみましょう。行動しなければ、現状は何も変わりません。小さいことでもいいので、一つずつ課題をクリアしていくことをおすすめします。私もＹｏｕＴｕｂｅで色々な情報発信をしていますが、そこから仕事につながったことは数え切れないくらいあります。私のような事務系の仕事でもＹｏｕＴｕｂｅなどから依頼がくるのです。

建設会社で、上手に情報発信をしているところは本当に少ないと思いますので、今からでも全然間に合います。千里の道も一歩からです。まずは、試しにやってみることをおすすめします。そして、少しずつでもいいので、継続しましょう。今の時代、継続できない人が本当に多いと思います。なんだって、最初から上手くいくことは絶対にありません。継続は力なりです。

ＹｏｕＴｕｂｅだって、なかなか配信するのが難しければ、1カ月に1本だっていいのです。年にすれば12本の動画になるのですから、それだけでも他の会社と比べれば、全然、情報発信できていると思いませんか？　求職者は、あなたの会社がどんな会社なのかを応募する前に知りたいのです。また、仕事を依頼する時も、あなたの会社がどんな会社なのかを知りたいのです。求人も仕事を取るのも「相手の悩みごとを解決する」ことこそが、成功への近道です。是非、会社の意識改革と同時に行ってみてください。

時間をかけて、ブランドを作っていく

会社にUSPがあり、従業員もいきいき働けている会社は、それほど多くはないでしょう。組織が上手くいっている会社は、それ自体がブランドになります。

そして、それを継続して情報発信し続けることで、ブランド力は、より強化されます。

次節でも述べますが、従業員の「能力の高さ」は、働き方改革に大きく影響します。そして、従業員さんが**資格取得**を含めた自己啓発などに取り組むかどうかは、結局のところ、その資格をこの会社で取得する意義があるのか、という従業員自身が腑に落ちるかどうかというところが大事になってきます。この従業員の能力の高さも、会社をアピールするための大切なブランド力になるわけですので、会社としては、各々取り組んでもらいたいと思うわけですが、これにも、やはり雰囲気づくりが大事です。例えば、「資格取得するのは当たり前で、それはこの業務に活きてくるからで、さらに、資格取得することで手当ももらえるから、絶対に資格は取った方がいい」といったことが、社内の共通認識として当たり前になっていれば、それだけ資格を取得することへのハードルは下がります。個々の能力が向上し、会社としても**生産性**や**ブランド力**が向上するといった相乗効果が生まれますので、会社の意識改革をしていくことは必要不可欠なのです。

情報発信こそが働き方改革攻略のカギ

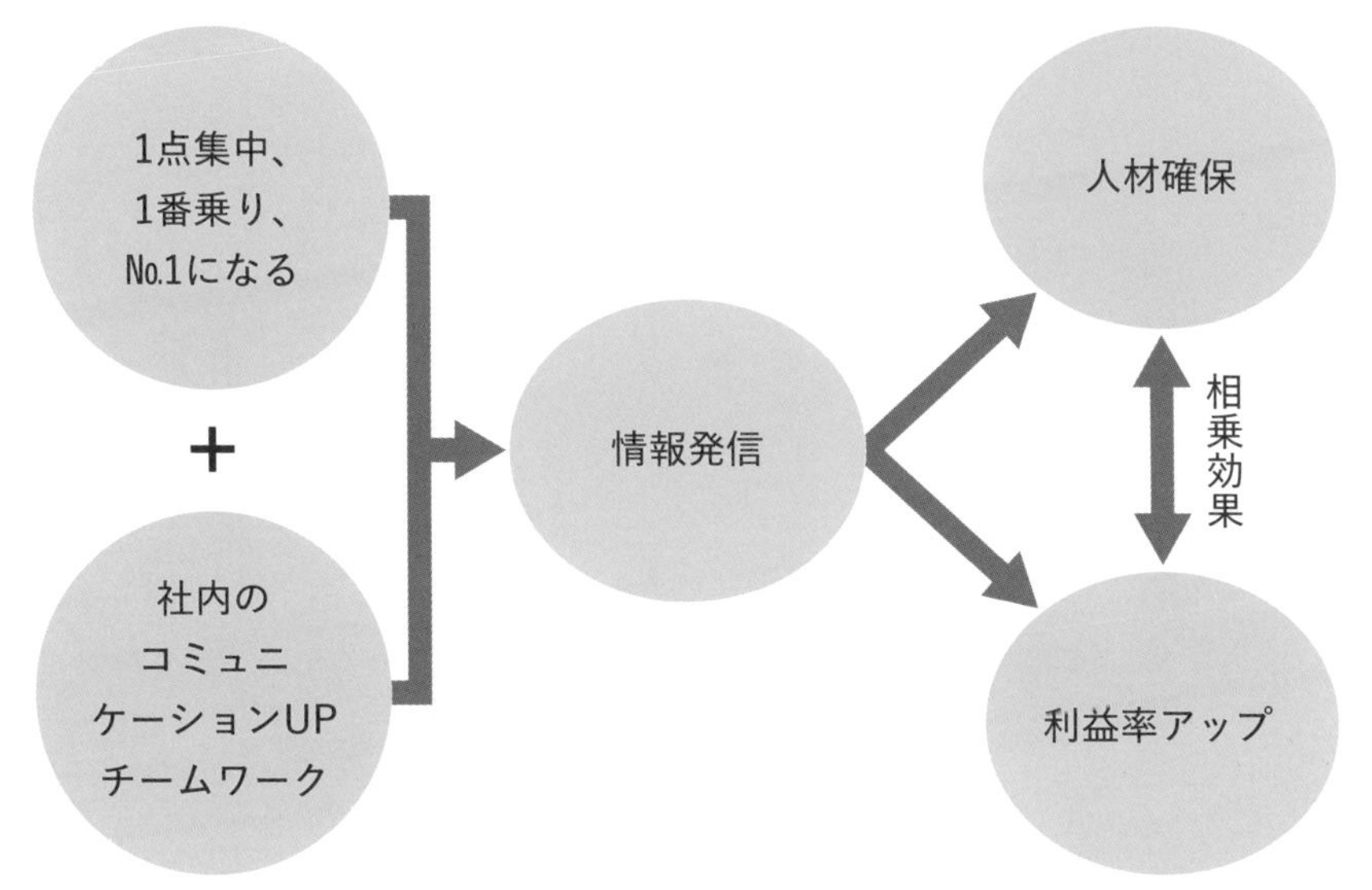

働き方改革を達成するための意識改革

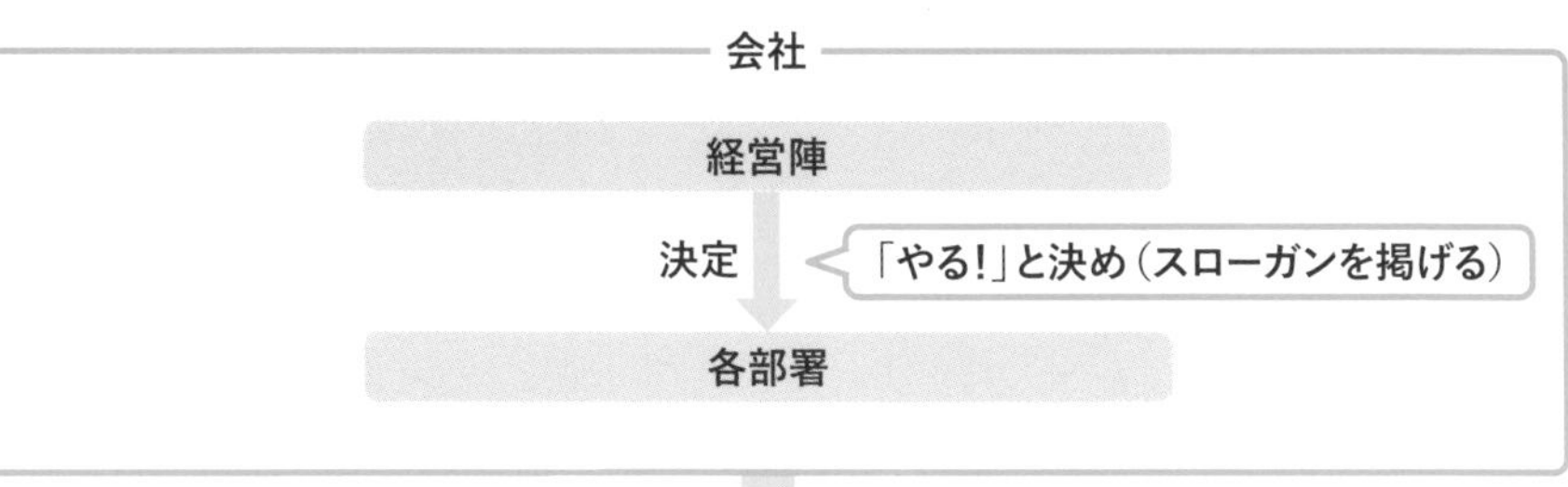

やり方は千差万別

意識の共有
(意義・目的・目標)

「納得しないと人は動かない」
(説得ではダメ)

→

各々のメリットを考えてもらう
自由な時間
家族との時間
ワークライフバランス
メリハリ

4-3 下請業者が最初に取り組むべきこと

これまでは、少し抽象度が高いお話をしてきましたので、少し踏み込んで実践しやすいように色々なヒントになるお話をここでは、いたします。

働き方改革をどう考えればいいのか？

これまで働き方改革の実現には「**人材確保**」「**情報発信**」「**利益率アップ**」が必要ということをお話をしていますが、結局のところ、具体的にどうすればいいのかというのが気になる所だと思います。これまでにもお話をしていますが、もう少し「人（社員）」の部分に踏み込んでお話をします。

左下図を見てください。一旦、時間外労働の上限規制の話に戻りますが、結局のところ、労働時間の長短は、基本的には一つの仕事に対してかけることのできる「人数」と「時間」によるわけです。人数が多ければ、それだけ各人の負担が減りますので、労働時間は減りますし、人数が逆に少なければ、それだけ働かなければならず、業務量が増え、労働時間が増えるということになります。

しかし、この「人数」だけですと、少し曖昧です。どういうことかと言いますと、一人一人持っている個々の**能力**が違うということです。人数の部分をもっと細かく分解すると、「人数×能力×やる気×チーム力」になるということです。ですので、単純に人数がいればいいというお話ではなくて、その個々人に能力があるのか、やる気があるのか、チーム力があるのかが大切になるということです。

では、従業員の「能力」を上げるにはどうすればいいのでしょうか？　先輩が後輩に知恵を伝授したり、現場を数多く踏ませたりして、経験値を上げていくことが必要でしょう。資格の取得を奨励するのも大切です。座学から学べることもあるからです。

そして、「能力」や「**やる気**」や「**チーム力**」については、会社の風土やコミュニケーションによるところが大きいです。どうすれば、社員がやる気になってくれるでしょうか？　待遇を厚くすることや、社員さんの頑張りをほめてあげること、会社の雰囲気を良くし、働くことが楽しいと感じてもらえるように取り組むことなど、細分化すると、色んなやるべきことが見えてきます。

今、あなたの会社に足りないものはなんでしょうか？　それを考えて、対処できる方法を検討することが大切です。そして、「会社としての**総合力**」を上げていくことで、色々な方向性を検討できるようになるはずです。

長時間労働脱却のカギとは

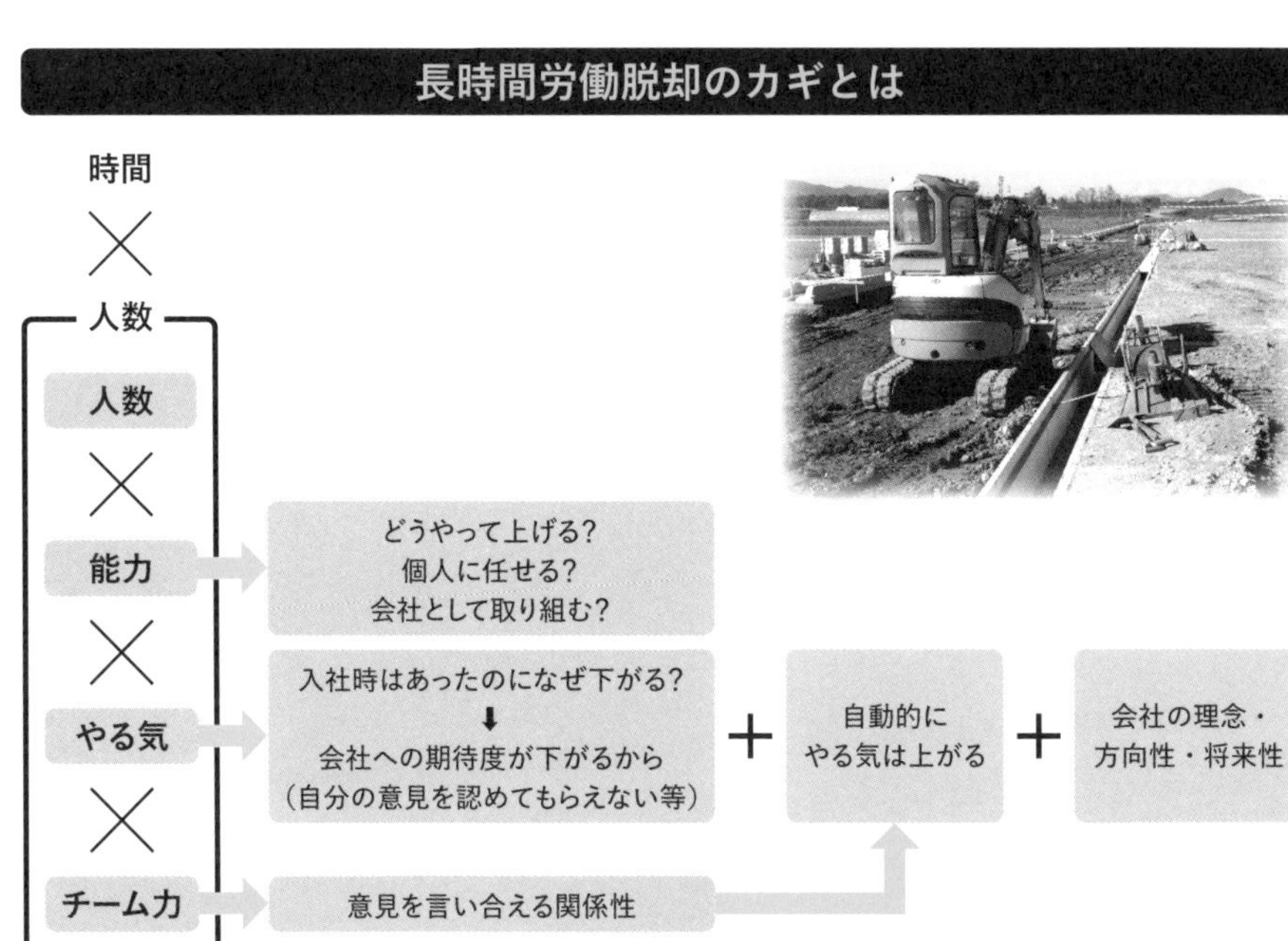

4-4 仕事の取り方を180度変える！

仕事の取り方を変えるというのは、いったいどういうことでしょうか？ ここでは、利益から逆算することの大切さについて解説します。

仕事の取り方は利益から「逆算」する

私の経験上のお話になりますが、多くの中小建設会社では、まずは仕事を受けて、利益は（多分）出るであろうから、後で考えようみたいな思考をしているところが、多いのではないかと感じています。

ですが、本来であれば、受ける前に利益が出るかどうかを判断しなくてはいけないわけです。こんな話をすると、「…言っている意味はわかるけれども、実際は難しい」と思われる方もいるかと思います。

では、少し大変な思いをすると思いますが、一つやっていただきたいことがあります。これまで行ってきたいくつかの現場について、「**利益率**」を算出してほしいのです。さすがに**原価割れ**していることはないとは思いますが、実際に現場ごとに算出してほしいのです。

具体的には、左図のような形になります。ここで言う、利益率は「**粗利（益）**」のことを指しています。すなわち、「売上－変動費」です。ただ、ここの**変動費**には、現場に従事した従業員の給与も含んで考えてみましょう。そうした時に、どれくらい利益が残りますでしょうか？ 正直、これでプラスになったとしても、その金額が少なければ残念ながら会社としては赤字になるでしょう。なぜなら、ここから現場以外にかかる経費が、会社にはあるからです（例えば、事務員の給与や社会保険料、本社の家賃や水道光熱費などです）。そうなりますと、いかに利益を出さないと会社の存続が難しいかがわかるでしょう。

経営者が難しい**決算書の読み方**を理解する必要はないと思いますが、少なくともこういった部分くらいは最低限理解する必要はあると思っています。そうじゃないと、後になってから、今期は思ったよりも赤字だな…賞与は払えないなとか、売上は上がっているのに、預金残高は減っている…来月からの資金繰りはどうしよう…、といった事態になってしまうからです。

とりわけ、利益が出ていないことにより、従業員に対する給与の支払いなどに影響が出るような場合には、前述したとおり、優秀な従業員から辞めていく現象が発生しますから、負のスパイラルの始まりです。

だからこそ、仕事の取り方を「利益が確保できるか」という視点から逆算して、取るようにしましょう。利益が出なければ、受けない方がいい、という決断をするのも経営者の仕事です。

このような地道な取組をしていくことで、働き方改革を少しずつ実現していくのが正しいやり方だと、私は考えています。

各工事の利益率を計算しましょう！

○　利益率を算定　➡　工事を受注　➡　資金繰り良好

×　工事を受注　➡　施工　➡　利益を把握（結果論）

利益率計算表

売上順	発注者・工事名	売上	原価	粗利益	粗利率（(粗利益／売上)×100）
1	A建設・○○工事	15,000,000	12,000,000	3,000,000	20%
2					
3					
4					
5					
6					

原価の考え方

売上 － 現場にかかる費用（（現場の）人件費　外注費　材料費　現場の諸経費など） ＝ 粗利益

4-5 働き方改革に「DX」は本当に必要？

巻では、なんでもかんでも、DXで片づけようとしている風潮があるように感じますが、まずは、自社に合った取り組みをすることから始めましょう。

DX化は最終手段と思った方がいい

巻では、「**DX**化しよう」といった広告などが多くあり、また建設業界でもDXを推進すべきといったサービス展開をしているIT系の会社も結構な数ありますが、はっきり言って、すべての会社でDXを導入をしたほうがいいと私は思いません。

理由は、これまでにも述べてきたお話になりますが、DXよりも前に働き方改革において、やるべきことがたくさんあるからです。「働き方改革をするために、DXをする」というのであれば、少し話が飛躍しすぎているように思います。

例えば、利益を上げるためには、まずは自社の強みをしっかりと情報発信し、価格以外の部分で元請から選ばれる会社になることが大切だというお話をしました。ここで、**価値貢献**をするにあたって、何かしら技術を提供するのにDXが役に立つというのであれば、是非、DXの導入をしたほうがいいでしょう。しかし、そういったことがない限りは、不用意に導入する必要は全くありません。むしろ、そのシステムを使いこなすための余計な手間をかけ、結果的に効率が落ちたのであれば、本末転倒です。そのため、本当に今、会社として必要なのかどうかを検討する必要があります。

また、**人材確保**にもDXは不要です。「魅力のある会社＝DXを推進している会社」とはならないからです。確かにDXを進めている会社は先進的と言えますが、魅力があるかどうかは別問題です。それよりも、アナログでも、会社全体としていきいきしている方がよっぽど魅力的に映るでしょう。そのためにも、まずはこれまでお話ししてきたとおり、会社の風土作りが大切です。そして、その延長線上で、例えば、従業員から、「こういったシステムを導入したい」とチーム力などを上げるための提案があり、それを導入することで成果が上がりそうなのであれば、その時にDXを検討すべきなのです。

ですから、結論としては、下請業者において、焦ってDX化を進める必要はありません。まずは、アナログ的な部分をしっかりと見直して、成果を出すことを最優先に考えるようにしましょう。

そして、その先にDX化するべき課題が見つかったのであれば、その際に、DXを推進するようにしましょう。まずは、会社としての土台をつくることが先決ということになります。

DXは本当に必要なのか？

× DX導入不可	○ DXを導入するには
・タイムカードなし（時間管理していない）	・タイムカードなどで労働時間が客観的に記録に残るようにする
・給与は日給制	・給与を日給月給制などにする（従業員のモチベーションをあげる仕組を作る）
・休みも不定期	・休みを決める
・労務管理の知識なし	↓ こういった待遇面の改善なしに導入しても意味がない

↓

まずは会社の「土台」を作ること

4-6 人を増やす？　それとも外注する？

採用については、これまでにもいくつかの手法について触れましたが、実際に本当に人を増やすべきなのかどうかについては、経営者としての手腕が問われます。

人を増やすべきか？　それとも外注に？

この問題については、これまでのことを総合的に考えると答えは自ずと出るのですが、ここでもやはり**「利益率」**をメインに考えるべきです。

それこそ、人を雇った方がより利益が出るのであれば雇うべきです。例えば、慢性的に人材が不足している状態であれば、雇うべきでしょう。逆に、たまに人材不足になる現場が出る程度であれば、外注先を多く確保しておく方がいいでしょう。先ほど申し上げたとおり、利益が出なければ、会社を存続させることはできないのです。人を雇えば、毎月必ず人件費は発生しますが、外注であれば、必要な時にしか経費はかかりません。

そして、人を増やすのであれば、社内の**風土づくり**（新しい従業員が入ってきても、しっかりと育成ができる環境づくり）や、そもそもどうやって求職者に自社のことを知ってもらうかを考えます。

ここで、求職者の気持ちになって考えることが大切で、会社の内部が応募前に見えていることは、安心感につながりますから、是非、ＹｏｕＴｕｂｅチャンネルを立ち上げて、自社のことを身近に感じてもらいましょう（動画を使用できるので、多くの情報を届けられることから、ＹｏｕＴｕｂｅがおススメです）。私も、様々な発信をしておりますが、ＹｏｕＴｕｂｅからご依頼をいただく時には、お客様が私のことを一方的に知ってくれている状態ですので、すでに（勝手に）親近感を持ってくれているわけです。採用するにあたって、こんな有利な状況をつくれるわけですから、使わない手はないです。経営者が会社の理念などを情報発信したり、現場の作業の様子を撮影した動画を発信したりすることは有効ですので、是非、やってみることをおススメします。

また、**協力会社**を確保する場合においても、YouTubeなどは有効です。中には、X（Twitter）なども合わせ技で使用することで、普段から身近に感じてもらいつつ、いざとなった時に、情報発信をすることで、外注として手を貸してくれる企業が見つかった例などもあります。

しかも、X（Twitter）もYouTubeも「無料」でコンテンツを使用できますので、高額な求人広告なんて使う必要がないのです。

私自身も、広告費などにほぼお金をかけていないですが、自社のYouTubeやホームページから月に数件のお仕事（多い時だと月10件を超える時もあります）を獲得しています。是非、実践してみてください。

人材採用はSNSを効果的に使用する！

**YouTubeなどの無料媒体の方が情報量が多く
会社内部の様々な情報を発信しやすいので
活用しない手はない！**

YouTubeや
X（Twitter）で
自社情報を公開

求人サイト

効果

親近感をもってもらえる
（身近に感じてもらえる）

ファンになってくれる

COLUMN

大手ゼネコンからの縛りが下請にも派生するってホント？

働き方改革が施行された後は、大手ゼネコンなどと取引をしている下請業者は、その対応に迫られる必要が出てくる可能性があります。

といいますのも、これまでにも経験があると思いますが、平成29年度以降は、国土交通省が「社会保険の加入に関する下請指導ガイドライン」によって、元請企業に対し、社会保険に未加入である建設企業を下請企業として選定しないよう要請するとともに、適切な社会保険に加入していることを確認できない作業員については、特段の理由がない限り現場入場を認めない取扱いをしており、それでも、この社会保険加入の取組みが始まったのが、平成24年度からですので、この段階で、ゼネコンなどからの要請により、社会保険に新しく加入をした建設業者も多くいたことは記憶に新しいです。

そして、働き方改革に関しては、建設業界自体が深刻な人手不足に陥っている状況もあり、国土交通省としても、「建設業働き方改革加速化プログラム」という施策をすでに打ち出していることから、今後、社会保険加入の時と同様に、厚生労働省とタッグを組んで、何かしらの施策を打ち出してきてもおかしくはないと思っています。

そうなりますと、社会保険の加入の時と同じような流れで、元請業者からの要請が何かしら出てくる可能性が今後は想定されます。

ですので、これからは、下請業者として生き残っていくためにも、働き方改革を少しずつ進めていく必要があるということになります。

「元請業者」の働き方改革達成方法

この章では、元請業者が働き方改革を行うにあたって、やるべきことをピックアップしています。これから、元請業者を目指す下請業者にも読んでほしいですし、3章などの実践的な手法も併せて読むとノウハウが理解できるようになります。

5-1 元請業者でありがちな長時間労働の要因

元請業者は、残業が発生しないかというとそんなことはありません。これから、下請業者から元請業者になろうとしている建設業者であっても是非、知っておいてほしいことを解説します。

圧倒的に多い技術者の残業時間

元請業者において、圧倒的に労働時間が多いのは、**技術者**でしょう。特に中小企業であれば、公共工事において**公共工事**を受けることもあるとは思いますが、公共工事においては**書類の作成業務**などが**民間工事**と比べて、かなり多く発生します。公共工事は、国民の税金を使用し、工事を行うことから、厳格な**管理体制**が必要になります。そのため、きちんと工事を管理監督しているかがわかるように多くの現場の写真が必要だったり、施工前の提出書類が多かったり、完了後の出来形の書類が多かったりするわけです。

そして、この書類は一般的には、工事を見ている現場監督のような**技術者**が作成するのですが、技術者は、日中は現場で監督業務を行っていることから、日中に書類作成をすることができません。そのため、現場終了後に書類を作成したりするわけですが、そうなりますと、終業時間が大幅に所定労働時間をオーバーするわけです。

これが、技術者の労働時間が多くなる原因です。そして、先ほども申し上げたとおり、公共工事においては、非常に厳格な管理が必要なことから、作成する書類の量も膨大です。工事規模にもよりますが、写真だけでも、キングファイル何冊にも及ぶレベルです。ですので、この書類作成をいかに効率的に対応するかが技術者の労働時間を削減する方法になるということです。

技術者の労働時間が多い要因

技術者（工事の管理などをする人）のスケジュール

昼間		夕方〜夜（または休日）
工事の 施工管理	→	書類作成 などの 事務作業

☝ここをどう解決するかがポイント

5-2 元請業者になったら知っておくべきこと

前節で、公共工事においては、工事書類が大量になるため、技術者の負担が大きくなることをお話しました。実は、それ以外でも様々なことが元請業者には求められます。

実は、元請業者はこれだけ頑張っている

元請業者においては、工事書類以外にも、多くの責任を背負っています。

まず、建設業において、現場の**労災保険**については、下請業者を含めて、全体を一つの事業としてみなしますので、元請業者が、下請業者の労働者分を含めて労災保険の面倒を見る形が通常です。そのため、保険の手続きの仕方に注意する必要がありますし、これまで下請業者としてしかやってこなかった建設業者の場合は、労災保険の手続きをしたことがない可能性もあると思いますので、これを忘れずに行う必要があります。

後は、**施工計画書**を作成し、発注者などと調整を行ったり、材料や機械の手配をしたり、ガードマンの手配をしたり、工事前の近隣への挨拶や説明会などを行う必要もあります。

ですので、これまで下請業者として、すべて元請業者がやってくれていたことを自社で行うわけですので、最初は段取り不足になることもあるでしょう。何でもいきなりできるようにはならないですが、これも会社のルーティンとしてできる部分が多くなってくると、スピーディーにできるようになってくるでしょうから、これから元請業者になろうと思っている企業は、まずは前述のようなことに慣れていく必要がありますし、できるようになれば、下請業者としてよりも自由度は大きくなりますので、やりかた次第で、従業員の労働時間をより削減することも可能になるでしょう。

元請業者がやるべきことは多岐にわたる

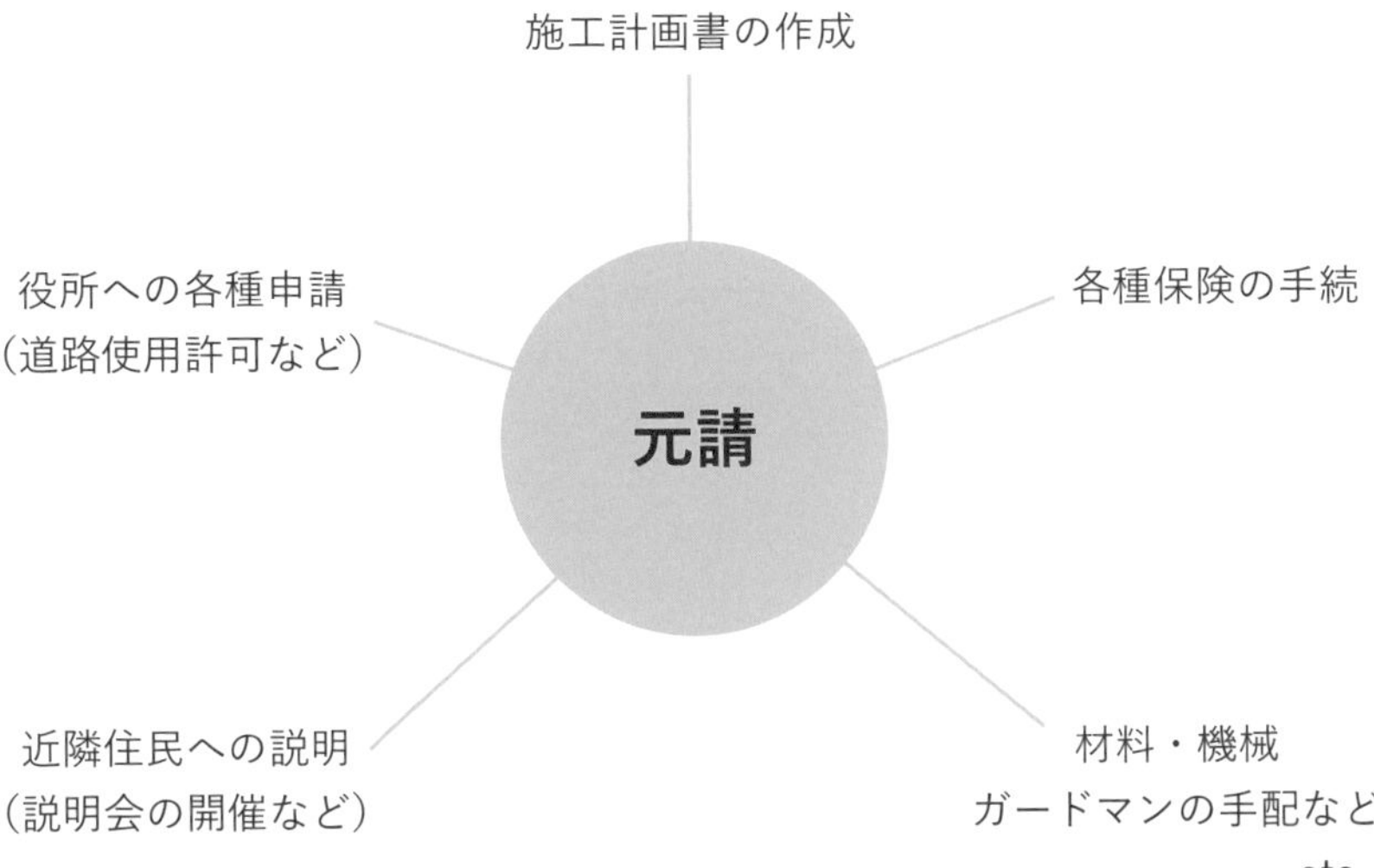

5-3 なぜ残業は減らないのか？

実際になかなか残業時間を減らすことは難しいのですが、どうして残業時間を減らすことは難しいのでしょうか？　詳しくお話します。

減らない残業時間

これは、元請業者、下請業者ともに言える話なのですが、「**働きアリの法則**」の話をご存知でしょうか？組織においては「2割は良く働き、6割は普通に働き、2割はさぼる」というものです。ですので、あまり働かないアリがいることから、全体として生産性はイマイチになってしまうことがあるのです。そして、良く働くアリがいなくなれば、また残ったものの中から、2割の良く働くアリが出てくるというものです。

人間にもこれと同じことを言えることがわかっているのですが、では、どうすればこの中で残業時間を減らすことができるでしょうか？

可能性を一つ提示するとすれば、現時点の良く働く2割の人を分散するのが好ましいです。そのため、人をよく見極めて、それぞれが、それぞれの現場で活躍できるように配置を分け、さらにそこに残りの人を上手く配分するのです。そうすれば、また新しい人材が出てくるので会社としては成長につながるということになります。

こうやって少しずつ、人材を育てていくのです。ですから、働きアリの法則に則って考えるのであれば、できる限り、様々な**プロジェクト**を動かした方がいいということになります。ある程度育った人材であれば、分離して、その社員に仕事を任してみるのも一つの手でしょう。そうすることで、次なる成長株が出てくるのです。

このように仕事に役割を持たせ、分散させることで、会社としての生産性を上げ、自ずと残業時間を減らすことが可能にはなるので、だまされたと思って、是非、一度試してみてください。

人の配置をしっかりと見極めるのは、経営陣の仕事です。ですから、採用からのお話になりますが、人をしっかりと見極めて採用し、適材適所に配置できるようにしっかりと目配せをしましょう。

そのためにどういった人材が会社として必要なのかを明確にしておく必要もあります。

そして、企業規模が大きくなればなるほど、いい加減な人事配置がなされているのをよく見ますが、中小企業であれば、従業員との距離も近いことから、適材適所の配置が可能なはずです。面倒なことと思わず、実践をしてみてください。

一人一人の能力を見極めるためにも、日頃のコミュニケーションは必須です。本人のやる気やポテンシャルを知るためにも、日頃から会話して、関係性を築いておくことが有効です。

働きアリの法則とは？

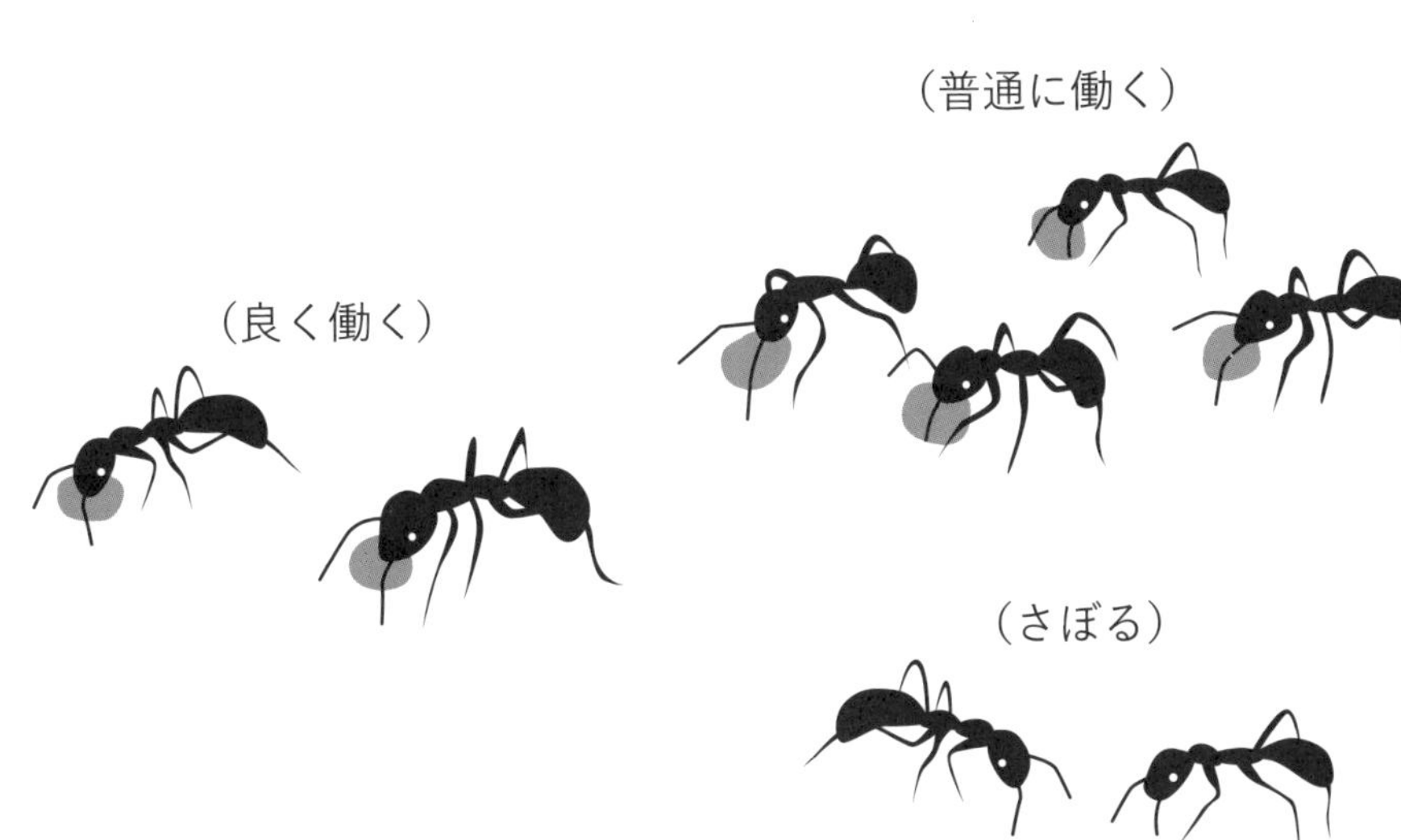

5-4 技術者の長時間労働を減らすコツ

技術者の労働時間を減らすことが、元請業者には必要でしょう。今後、元請業者になろうと考えている企業も含めて、取り組めることについて解説します。

技術者の役割分担を行う

まずは、大切なことは技術者の負担を減らすことでしょう。前述したとおり、技術者は、日中は現場で監督などの作業を行っています。そうなりますと、事務作業をできるのは、現場作業終了後になるわけですので、物理的に時間外労働が発生してしまう状況になります。これを脱却するには、日中に**書類整理**をする人が別にいないと不可能です。

ですので、日中に書類を整理できる人を確保する必要があります。最近では、労働時間削減のため、現場の部隊と、現場書類の事務作業をする部隊がそれぞれおり、役割分担をして時間外労働を削減している会社の話を聞くようになってきていますし、さらには、ドローン測量などは**測量技術**がそれほど要求されないことから、技術者以外の人で行う企業も増えてきています。是非、社内で情報共有をしつつ、何か技術者の負担を減らせることはないか模索するようにしましょう。ここでも、コミュニケーションが大切になりますので、是非、これまで本書で述べたことを実践してみてください。

人材育成をする

前述のような取組みをするにも、やはり「人材」が必要です。それぞれの業務には責任も伴うことから、しっかりと作業の内容を理解して行う必要があります。そういった意味では、特に中小企業であればあるほど、色々なことができるオールラウンダーが重宝されますから、会社全体で従業員の能力を底上げしていく必要があります。

そのために、部署ごとの技術や情報の共有、研修制度の導入など色々やれることはあります。特に、優秀なベテラン社員のノウハウを後進の育成に活かせるかが大きなポイントです。社内の共有の仕方は、これまで触れたとおり、まずは各々の考え方を否定せずに、色んな意見を聴き、知ることから始めてみましょう。

システムの活用

最後は、システムの活用です。ドローン測量やウェアラブルカメラの活用もそうですが、他にも、現場の写真撮影時の黒板を電子黒板にできるようなアプリもあります。これを使用することで、現場で黒板を持ち運ぶ必要がなくなったり、手書きの手間を現場で取る必要がないことから、現場を止める時間が減ったり、写真整理が楽になったりと色々なメリットがあったりします。

このように簡単に導入でき、成果が出せるようなシステムは、積極的に利用するようにしましょう。

技術者の負担を減らすシステムの活用

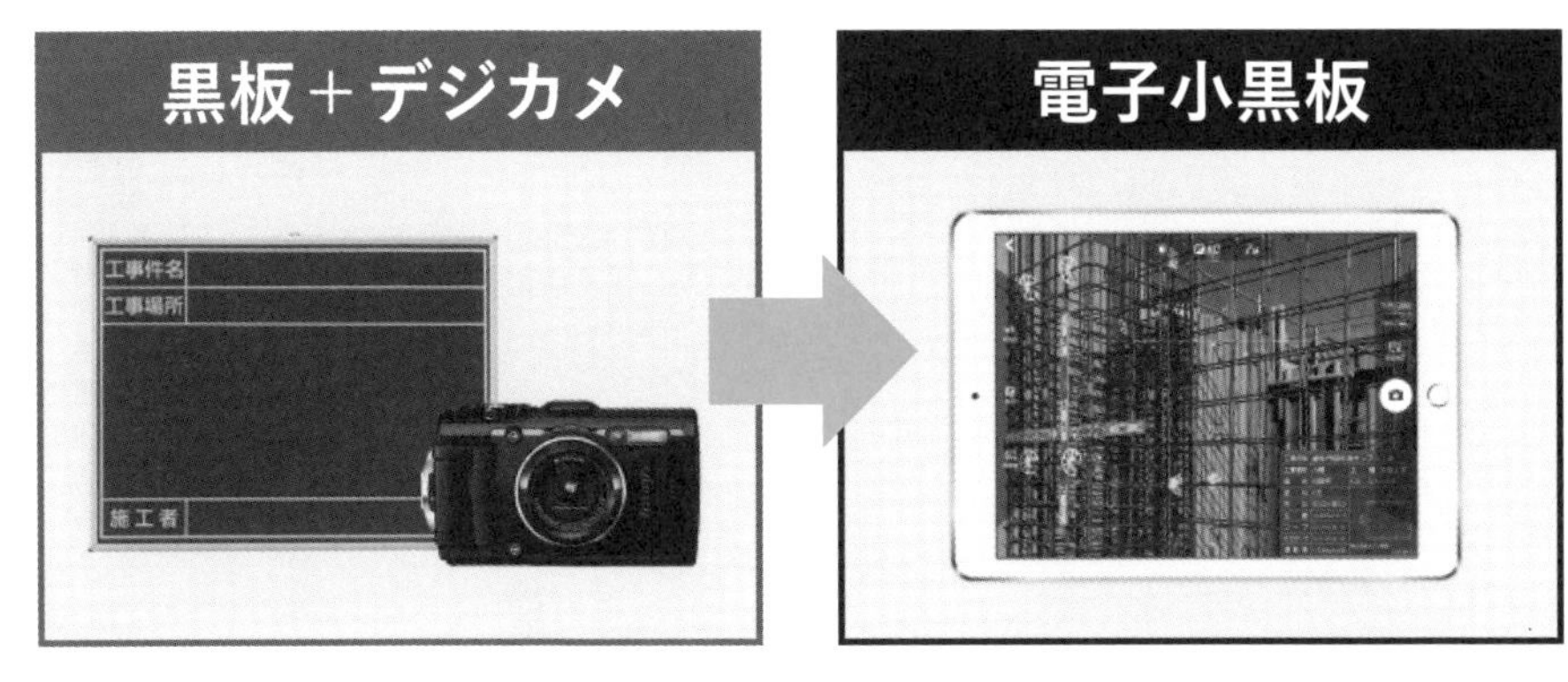

https://www.kuraemon.com/kokuban/

5-5 現場労働者の労働時間を減らすコツ

現場の労働者については、現場監督の指示にしたがって作業を行っていますが、自発的に考えられる従業員が多くなれば、それだけ現場監督などの技術者の負担も減ることにつながります。

個々の能力とチームワークで解決！

現場の労働者（作業員）については、本人のやる気と能力に起因する要素が多くなります。そのため、従業員の教育をしっかりと行うことが大切です。一つ一つの行動に対し、無駄がない迅速な作業ができるように、後輩を育成する風土づくりが大切でしょう。

「見て覚えろ」は昔の話です。今は、しっかりと理論的に一つ一つ教えてあげた方が伸びる人も多いです。そのため、そういった組織の**教育体制**になっていることが大切です。

ですので、日々のコミュニケーションが大切ですし、しっかりと物事を理論的に考えられるように指導・育成することが大切です。

また、現場作業員の中から、将来的に**施工管理**などを行うことができる人も出てくるでしょうから、積極的に人材登用をしましょう。労働者自身にやる気があるのであれば、早いうちから現場監督の補助をさせることで、現場をより広い目で見ることができるようになりますので、現場監督が見落としそうになった箇所に気づいてくれることもあると思います。そして、作業員には、現場の全容を理解してもらうように努めましょう。なかなか大変かもしれませんが、全体を見てから仕事をするのと、自分のエリアだけを見て施工するのとでは、見える景色が変わってくることがあります。

こういった地道な取組を続けることで、効率よく現場が動けるようになり、最終的には会社全体として労働時間を削減させることができるのです。

現場労働者（作業員）の労働時間を減らすには、個の能力を上げるべき！

従業員への教育

- 先輩が後輩に教える風土づくり

- 積極的な人材登用
  ➡ 早いうちから、監督補助をさせる

- 資格取得
  ➡ 座学で、基本的な知識や法令遵守に必要なものを身につける

広い視野で現場を見る能力を培う

しっかりと言葉で業務指導することが大切

5-6 事務職の労働時間を減らすコツ

現場の仕事を裏で支えているのは、事務職の方々です。そして、事務職の方の仕事の負担を減らす努力をすることが、会社全体の利益になる行動になってきます。

事務職の仕事はＤＸし放題？

建設会社で働く**事務員**こそ、**事務作業**にかかる労働時間を削減させて、５－４で解説した技術者の労働時間を減らすために、現場の書類作成などの補助をしてもらうべき存在だと思います。

外注やシステムを最大限活用して、自社でしか扱えないような仕事に専念してもらうべきだと私は考えています。そのため、経理作業や労災保険の手続きなどはすべて外注でもいいと思っています。

もし、外注が難しい場合は、システムをどんどん活用すべきでしょう。現在では、請求書を作成するにしても、契約書を作成するにしても、帳簿をつけるにしても色々な便利なシステムが開発されています。これらは、最初は使いこなすのは大変かもしれませんが、慣れてくると、絶対的に事務作業を短縮することができるため、事務作業にかかる大幅な労働時間を削減することができると考えています。ですので、これらの設備が不十分な企業については、是非、事務職の従業員の要望を聞いて、積極的に取り入れるようにしましょう。そうすることで、事務職の従業員をもっと別のところで活用することができるようになり、会社全体の生産性が向上します。

それこそ、チームワークができている企業であれば、効率よく現場を回せるように事務員に対して、色々なお願いをすることができるようになり、会社全体として多くの労働時間を削減することが可能になります。

現場の書類作成もできる事務員

実際、建設会社の中には現場の書類作成業務の一部を事務員が行っていたり、ドローン測量を事務員が行ったりしているという話を聞くこともあります。

これらの業務は、社内の人材を活用した方が技術者的にも効率的なことも多いでしょうから、実践する価値はあるといえます。

ただし、労務管理上の注意点としては、雇用時などの労働条件に右記のような業務が入っていることがわかるように明示するなどするようにしましょう。単なる事務作業には収まらない可能性もあるため、労働条件には注意する必要があると言えます。

このように、会社全体で意識を共有できることで、新しい取組が生まれることもあります。大切なのは、組織として成長するために、自分の会社には何が必要なのかを考えてみることです。その結果として、生産性が向上し、働き方改革が実現できるのであれば、一石二鳥と言えるでしょう。

働き方改革の実現に必要な存在になる事務職の社員

5-7 元請業者はDXを導入するべきか？

建設業にもDXを推進すべきといった風潮があることは前章でもお話ししましたが、元請業者においても本当にDXは導入するべきでしょうか。

元請業者こそDX?!

もう、本書をここまで読んでいただいた方ならわかると思いますが、時間外労働を削減する秘訣は「DX」ではありません。

しかしながら、**DX**化も一つの手法であることは否定できません。そして、元請業者として仕事を効率化させるためには、DXを使用するべき部分がありま す。

例えば、前節でも触れたとおり、事務職においてはDXを積極的に導入すべきでしょう。特に単純作業など、極力工程を減らすべきものにおいては、できる限り効率化することをおススメします。例として挙げられるものは、**勤怠管理システム**などでしょう。

また、現場においては、現時点で中小企業がDXを導入するべきことはほとんどないかもしれません。例えば、**BIM/CIM**、**3Dプリンタ**、自動で動く重機がこのDXに該当するようなものになりますが、これらを導入しなければ働き方改革を達成することはできないでしょうか？　という問いに対しては、はっきりと「ノー」と言えます。ですので、現場におけるDXは元請業者であったとしても、現時点では不要かもしれません。とは言え、例えば、先ほども少し触れたウェアラブルカメラのように遠隔で現場の管理を行うようにすることで、技術者の移動時間を減らすといった技術は導入する余地はあると考えます。

今後は右記のような技術がもっと発展し、中小企業であってもより使用しやすいところまで改良される可能性がありますので、その際には積極的に導入してもいいのではないかと思います。

本章で触れたように、元請業者だからこそ、やらなければならないさまざまな業務もあるわけですから、そういった意味では、**事務効率化**、**作業効率化**などができるDXであれば導入してもいいというのが、現時点での私の考えではあります。

ただ、何でもかんでもDXを導入すればいいというものではありません。あくまでも、社内でコミュニケーションをとって、本当に生産性向上、業務効率化につながると思われる部分については、導入するべきでしょう。設備投資もそれなりの費用がかかるわけですので、検討をしっかりとすべきところです。

ですので、もし、身近に話を聞くことができる元請業者の仲間がいるのであれば、事例がないか聞いてみたり、DX関係の展示会は頻繁に開催されているので、足を運んで実際に体験してみるのがいいでしょう。

5-8 自社で管理できない所は外注すべき！

すべてを自社でやろうと思うと、かえって非効率になりますので、向き不向きも踏まえて、必要に応じて、従業員の負担を減らしてあげることは、働き方改革を達成するためにも大切です。

外注するメリットとは

外注するメリットについては、いくつかあるのですが、まず、第一は**従業員の負担**が減ることです。例えば、現場での作業を外注すれば、それだけ自社の工事としては、複数請け負うことが可能になります。特に、施工管理ができる従業員が多くいる会社であれば、実際の施工は外注することで、多くの現場を請け負うといったことが可能になります。そして、下請業者に支払う金額を含めた原価管理がしっかりとできていれば、利益率もそれなりになりますので、書類作成などの事務作業は増えますが、会社として事務職の方も含めて対応できる体制が整っているのであれば、不要な時間外労働を減らすことが可能になります。実際に、そういった形で、高い利益率を確保しつつ、時間外労働をほとんどしていないような会社もあります。

また、事務職においても、経理や労務関連の仕事は私のような**士業**などに外注することができます。これらは、高度な知識が要求されるため、自社で行おうとすると、間違えて行ってしまっている可能性もあります。また、事務員にとっては、大きな負担になってしまっている可能性もあります。そして、知識が足りていないことにより、場合によっては、大きく金銭的な損失を出している可能性もあります。そのため、単純に作業負担を減らすという意味だけに限らず、専門家などの力を借りることで、会社に必要な様々なリソースを手に入れることができるというメリットもあります。

外注できる業務の例

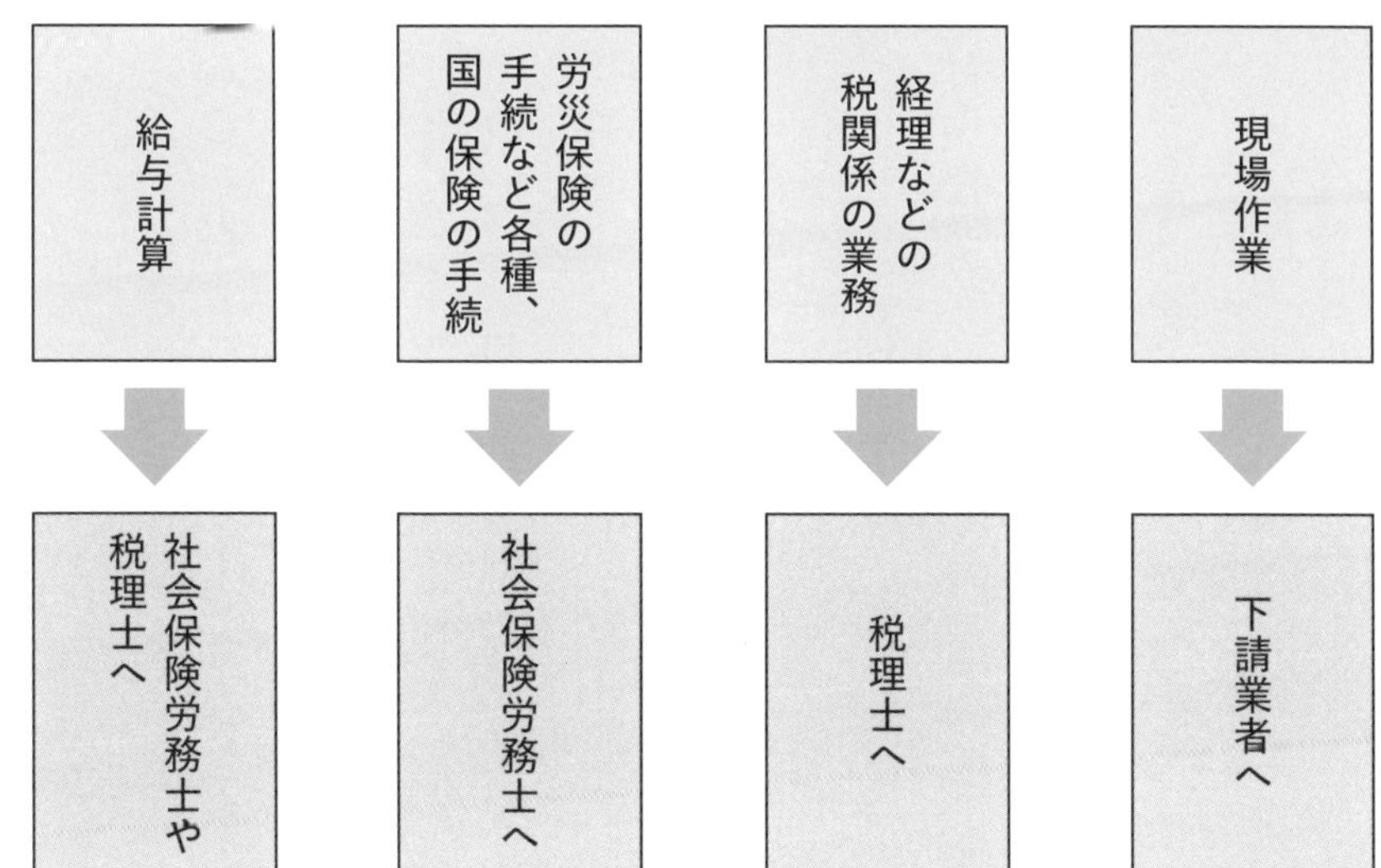

※他にも会社ごとに検討すべきことはあると思います。

外注することのメリット

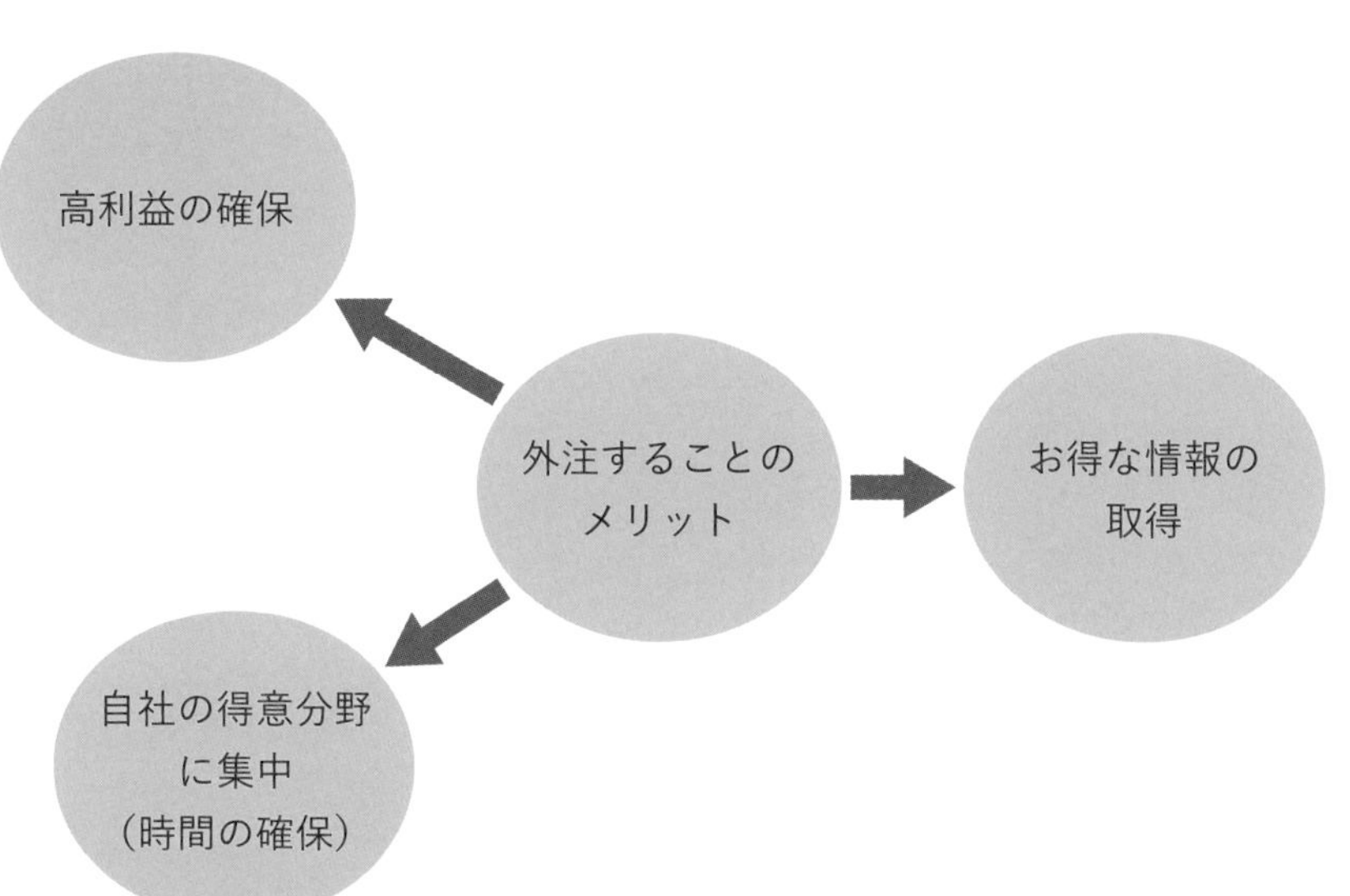

あなたはアナログ派？デジタル派？民間工事の獲得方法！

これまで、下請業者としてしか仕事をしていない場合に、いきなり民間工事などの元請工事を獲得することはできるのでしょうか？

結論とすれば、できます。ただ、これには少し工夫が必要です。

リフォーム工事のチラシが自宅のポストに入っていたことはないでしょうか？　これは、まさに民間工事を直接獲得するための一つの方法と言えるでしょう。そして、これはアナログ営業の一つと言えます。

反対に、デジタルでの工事獲得方法の代表例は、ホームページ、YouTubeなどのSNSの活用でしょう。例えば、インターネットで「さいたま市　リフォーム工事」などで検索すれば、リフォーム工事をしている建設業者がいくつか出てきたりしますが、上位の会社のホームページをまずは見たりしませんか？

こういった形で、仕事を獲得することもできるわけです。

これらに共通して大切なことは、あなたの会社をお客様が選ぶ理由です（4-1参照）。なぜ、あなたの会社がいいのかを明確に発信することが大切です。あとは、実際の施工実績で、あなたの会社に依頼すれば、どうなるのか（結果）をイメージできることも重要です。ですので、「お客様の声」などを集めることもいいでしょう。あとは、技術的な話をすれば、訴求できる文言をしっかりと記載することが必要ですし、レイアウトもある程度配慮する必要があるでしょう。

ホームページについては、ホームページをつくれば、お客様から問い合わせがあると思っている会社も少なくありません。これは、ホームページを制作している会社がきちんと話をしていないのが悪いのですが、ホームページを公開してもすぐに検索上位に表示されるなんてことはありません。上位表示をしたい場合は、広告費を投入するか、ホームページ内の記事をたくさん書くなどして、コンテンツを充実させる必要があります。そうすることで、Googleなどが「このページは役に立つ」と判断されれば、上位に表示されるようになります。

あとは、あなたの会社がどんな会社かをチラシでもホームページでもわかるように記載しておくことが意外と大切です。

第6章

働き方改革は難しいと考えている経営者へ

この章では、これまでの内容を踏まえて、それでも色々悩んでいる建設業の経営者に向けて書いたものになります。諦めずに、まずは第一歩を踏み出しましょう！

6-1 やることが多くて働き方改革なんてできない!?

働き方改革を行うのは、なかなか大変な労力が必要なことから、どうしても後回しにされがちです。そんな時は、どうすればいいのでしょうか?

優先順位をどうするか?

日々の仕事に追われていると、どうしても働き方改革のような時間のかかることは後回しにされがちです。特に、重要ではないけど、急ぎの仕事との**優先順位**をどうするかがキーポイントになるのと同時に、日々現場を施工している建設業者としては、まとまって従業員全員が集まれる機会が少ないかもしれません。

この機会をどう作るかもポイントになると思います。休工の日を上手く作るか、場合によっては、どこか休日を使用するかして、きちんと会社として働き方改革に向き合う時間をつくることが大切です。

「意識を共有する」ということが大切なので、ここの部分は中途半端になってはいけません。しっかりと、みんなで意見を交換したり、**情報を共有**するといった向き合える時間をつくりましょう。

そこで、これまで述べてきた、「コミュニケーション」を取る時間をつくり、社内として、今後何を行っていくべきなのか、具体的な対策を含めて検討しましょう。その上で、経営陣として、どうやっていくべきかを決定し、社内全体で共有を図るようにしましょう。ここで、社内の意識を醸成できなければ、結局のところ、ナーナーになって、誰も働き方改革への取組をやらなくなってしまいます。

そのためにも、経営陣が本気で取り組もうとしている意思を伝えることが大切です。

これができれば、後は、優先順位の問題ですので、急ぎだけど緊急ではない仕事との兼ね合いになります。社内で必要な仕事を取捨選択し、業務効率化を図りましょう。

考えを整理するには、図に書いてみることも大切です。是非、下図のような**マトリックス図**を作成し、自身の業務の細分化をしてみましょう。

そして、そもそも不要な業務がないかなども、このタイミングで社内共有しながら洗い出すのも一つの方法でしょう。

そうすることで、キャパシティに余裕ができ、後回しにされがちな業務に注力できるようになるかもしれません。

いずれにしても、「重要」かつ「急ぎでない」業務は、会社において大きなテーマになっているものが多い印象ですので、少しずつでも取り組み始めてみることが非常に大切といえます。

意外とやってみるとサクサク進んだりするものです。

仕事の優先順位の考え方

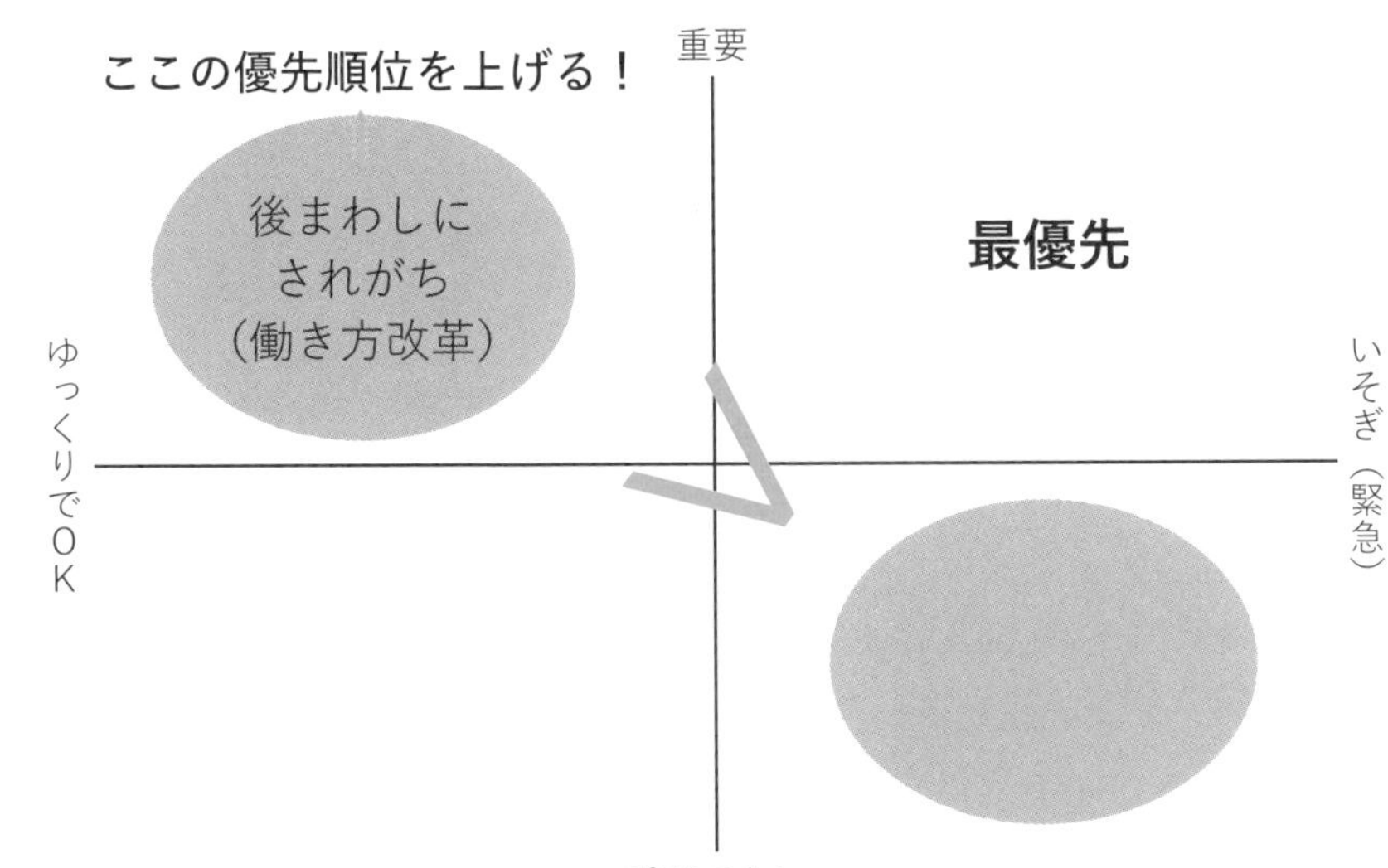

6-2 働き方改革は何から手を付けるのか？

働き方改革をするには、やることが多すぎて何から始めればいいのか…となる会社が多いです。そのため、まずは問題点を洗い出すことが必要になります。

問題点を洗い出すこと

「**働き方改革**」という漠然としたワードを目にすると、何から手を付ければいいかわからなくなってしまいます。

しかし、働き方改革を難しいことを考えずに、まずは何をすれば、「**無駄な時間**」が減るのかを考えてみましょう。

1日の作業を思い返して、無駄なことがないか、また、こういったシステムなどがあればもっと業務が効率化できるとか、もっとみんなで話し合えれば、無駄なことをしなくて済むとか、自分ばっかりに業務が偏り過ぎていて、もっと公平になるようにしてほしいとか、色々な意見が出てくると思います。

そして、これらの意見を、会社全体で話し合えるように場を設定しましょう。だいたいの会社で働き方改革が上手くできていない場合は、共通して、従業員同士や、役員・管理職と従業員との関係が希薄なところが多いです。そのため、お互いが感じている不満を自分の中でため込んでおり、情報共有がなされていません。結局のところ、**建設工事**は一人ではできず、チームでやるものですので、このあたりの関係性が改善されるだけでも業務効率化されることも少なくありません。

また、事務作業についてもコミュニケーションをしっかりとり、無駄な作業はなくし、さらに管理職がきちんと従業員の業務量を配分してあげられるように、職場の雰囲気をしっかりつくっていくように気を付けるだけでも改善されることが多々あります。

ですので、何から手を付ければいいか悩んだ時は、まず、最初に目の前の問題点を洗い出してみてはどうでしょうか？

そして、それらを全社で共有することで、会社としての課題が見えると思います。

共有方法については、3-4で解説していますので、そちらを参考にしていただきたいと思います。

関係の質を向上させることで、お互いが意見を出し合うことが可能になり、他人の意見を聞くことで、新しいアイデアが生まれることもあります。

こういった場で出たアイデアは共有しやすいため、取り組みやすいのも大きなメリットと言えます。

ですので、できる限りオープンな場で情報共有し合える関係性を普段から構築することも、働き方改革においては重要なことです。

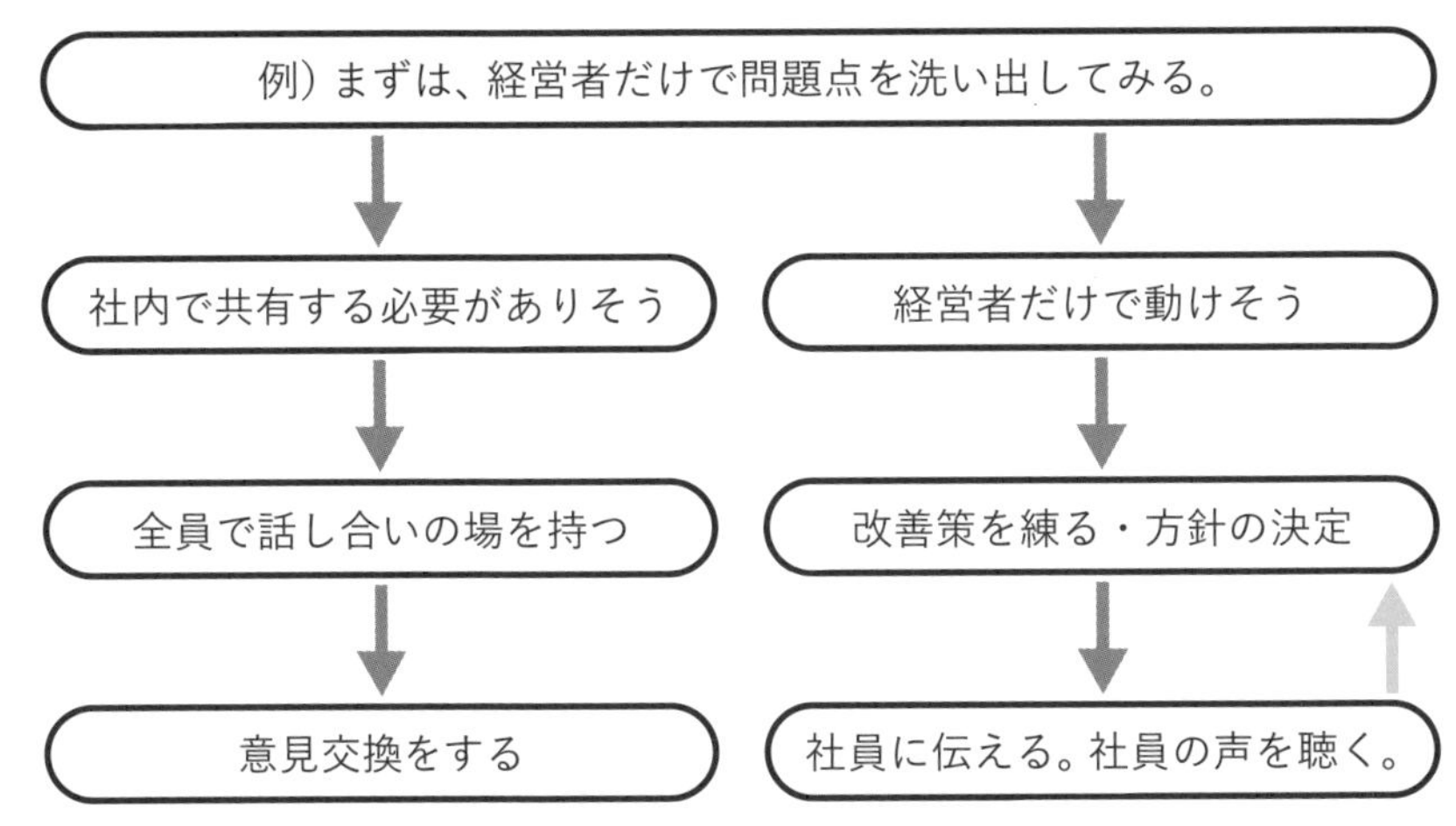

※どんな方法であっても、社員の意識・意見を聴くことが大切です！社員あっての働き方改革であることは忘れないようにしましょう！

6-3 従業員とのコミュニケーションと働き方改革

従業員とコミュニケーションが取れない理由はいくつかあると思いますが、それぞれの対処法などについてお話しします。

従業員が年上の場合

コミュニケーションが取りづらい原因の一つとしては、現場の従業員の年齢が**管理職**などよりも上であることが挙げられます。そういった場合には、管理職からコミュニケーションが取りづらいと思う人が、大半ではないかと思います。誰だって、人生の先輩には声をかけづらいものです。

このような場合は、是非、現場のベテラン作業員さんの色んな話しを普段から聴いてあげましょう。これまでの経験などを教えてもらいたいと伺えば、意外と話してくれるものです。そうやっていくうちに少しずつ、お互いの距離を縮めていきましょう。ここでも「**関係の質**」が大切になるのです。

部下と年齢が離れている場合

逆に、年齢が離れている若い従業員にもコミュニケーションが取りづらいと感じる場合もあるでしょう。年代による**ジェネレーションギャップ**を感じることがあると思いますので、そういった要因も相まって、話しかけづらくなってしまうかもしれません。

このような場合には、是非、話を合わせてあげましょう。従業員からすると、管理職や役員は大変話しかけづらい存在です。

ですので、話しかけやすい雰囲気づくりを会社全体でつくることが大切です。そのためにも、本書で触れたような一度、全体でコミュニケーションの場を設定するといった取組をすることは、今後の働き方改革を円滑に進めやすくするのです。

今の若い従業員は、飲み会が好きではない人もそれなりにいます。ですので、一人一人の性格に合った方法で、距離を縮めていくのがベターです。1対1の対話もいきなりもちかけると、逆に心を開いてくれない可能性もありますので、普段の何気ない会話が非常に重要です。いかに、話しかけやすい雰囲気づくりに取り組んでいるかが大切といえるでしょう。

つまり、働き方改革を進めていくには「関係の質」を上げていくことが大切で、そのために大事なことは普段の業務の時に、どれくらいコミュニケーションを取っているかが大切な要素になるということです。

お互い何でも言い合える関係性を築くことは容易ではないかもしれませんが、そういう場合は相手に興味を持つようにしましょう。そして、ささいなことでも配慮してあげる、小さな成功でもほめてあげるといったことを継続して行えば、少しずつ関係性は強化されていきます。

働き方改革の実践として「関係の質」を強化しましょう！

6-4 人手が足りなくて働き方改革なんてできない

働き方改革ができない理由が、人手不足による人員不足だとすると、人手不足が解消されれば働き方改革ができるということになります。では、どうすれば人手不足は解消されるでしょうか？

求人にコストをかけているのに人が来ない

よく相談を受けるのですが、建設会社の社長から、月に数万円から数十万円くらい**求人広告**などにお金を使っているのに、人が来ないと言われます。

このような場合、だいたいは、求人広告の会社に無駄なお金を支払っているだけで、それだけやれば人が来ると思っているということが非常に多いです。

求職者の気持ちになってみればわかるのですが、求人広告が出ていようが、その会社にそれだけで「入社したい」とは絶対にならないことに気付かなければなりません。

求職者としては、その会社が少しでも気になったら、どのような動きをするでしょうか？

商品を販売する時も、自分が売りたい商品ではなく、「相手が欲しい商品」を考えることが重要です。求人にも同じことが言えるのですが、結局のところ、求職者がどういった会社に入社したいと思っているか、その情報をきちんと発信できているかが重要だということです。

となりますと、例えば、求人情報に労働時間や休日など最低限必要な基本的な情報が書いてあっても、同じく他の会社も書いてあるので**差別化**することはできません（めちゃくちゃ他と比べて待遇などがいいなら、別ですが…）。そして、会社の集合写真などを掲載したところで、求職者にとっては、情報が不足し過ぎていて、それだけでは全く魅力的に感じません。

そうなると、何が大切になってくるかと言うと「**疑**

似体験」です。この会社を見てみたい、働いてみたいと思ってもらえるように、会社のことがイメージできるような情報発信をすることが大切なのです。この会社が、普段どんな仕事をしているかは求人広告などから見ることは当然できませんし、どんな従業員がいるかも知ることはできません。また本当に求人どおりの待遇になっているかも信頼性が欠ける所です。これらを、体験できるような情報を発信すればいいのです。

そうなると、右記のような情報を事前に発信できている企業が採用面においてはかなり強いということになります。そして、今ではSNSが発達していることから、「無料」でこのような情報を流すことが可能です。逆に言えば、自分の会社に入ってほしくないような求職者も、しっかりと情報発信をすることで、ふるいにかけることもできます。

今の時代は、情報発信が本当に大切です。そして、ほとんどの建設業者は、面倒くさがってやっていないので、やるなら今のうちです。

求職者の行動を理解することが採用の第一歩

6-5 働き方改革のやり方が合っているかどうか不安

働き方改革は、時間外労働を減らしていくことが求められていますので、ここを外さなければ失敗ではないです。

これは失敗でしょうか?

時間外労働を減らす方法については、色々触れてきましたが、結局のところコミュニケーションを取ること、利益を確保すること、人材が定着することが重要だということは、これまでに話してきたとおりです。

その上で、時間外労働をどうやって削減していくのか、個々の能力の問題なのか、チームとしての業務効率化なのか、システムなどを導入するべきなのかをそれぞれ自社に合わせて対応していくことが大切です。

そして、時間外労働を減らしつつ、「利益率を改善する」ことが必要な企業は、利益率改善する策を検討することがまずは大切です。利益率が低すぎれば、いくら業務効率化を達成しても、薄利多売となり、人が動いて成立する産業である以上、従業員が疲弊し、労働時間を根本的に減らすことは不可能だからです。

この視点を外さなければ、基本的には、働き方改革に失敗はないと思います。

ただし、目先のことしか考えずに、時間外労働を削減することだけを優先してしまうと、結局のところ、誰もその目標に付いて行くことができず、経営陣の自己満足だけに終わってしまう可能性があり、結果的には、従業員の会社に対する満足度だけが下がる結果になりかねません。

ですので、従業員を巻き込んで、会社として一丸で行っていくことが重要になります。

働き方改革のあるべき姿

6-6 働き方改革に回せる資金がない

働き方改革をするには、システムを導入しなければならないと考えている企業も多く、そのために設備投資が必要だと勘違いをしています。

働き方改革には本当にお金が必要ですか？

働き方改革に**資金**は本当に必要でしょうか？これまで、お話したとおり、まずシステムを導入したりするといったＤＸ化をする前に、そもそも必要かどうかを検討する余地があります。

ですので、まずは、一つ一つの課題を洗い出す必要があり、その結果、会社にとって一番必要なことは、システム導入ということにならないことの方が多いのではないか、と経験的に感じています。

ともかく、まずお金をかけずにやるべきですので、会社として働き方改革にどう向き合うのかを考えましょう。すなわち、「ゴールを決める」ということです。

このゴールといいますのは、残業時間がなくなった・減った状態というわけではなく、本書で何度も述べているように、「この働き方改革を通じて、会社としてどうなりたいのか、所属している従業員にどのような人生を送ってもらいたいのか」ということであり、そのための手段として、どう時間外労働を減らすのかを考えることです。

むしろ、そういった理念を経営者がしっかりと持ってさえいれば、自ずと知恵は湧いてくるものと感じていますが、それだけですと、ただの精神論になってしまいますので、本書では、その取組方法について述べてきました。

少なくとも働き方改革に悩んでいる会社が、いきなりシステムを導入してうまくいったという事例は、ほとんどありません。まずは、従業員の声を聞いてみることがやるべきことではないでしょうか？　そのために、本音で意見を言い合える場を用意したりするなどをして、意見交換などを通じて関係の質を向上させることが大事ですので、まずは、お金のかからない方法で模索してみましょう。

どうしても、有用なシステムなどがあるのであれば、それを導入した時の**費用対効果**（残業時間がどれくらい減るのか、従業員が本当に使いこなせるのか、また、使用した時にどれくらい満足度が上がりそうか等々）を踏まえてみて、それでも有用そうであれば、**設備投資**をしてみてはいかがでしょうか。

いずれにしても、システムの導入をするためには、使用することになる人（従業員など）の意見をしっかりと聴いた上で導入するということを念頭に置いておきましょう。

私のような専門家に依頼するかどうかも本書を読んで、自社だけで実践できそうかどうかを見極めてからで十分だと思います。

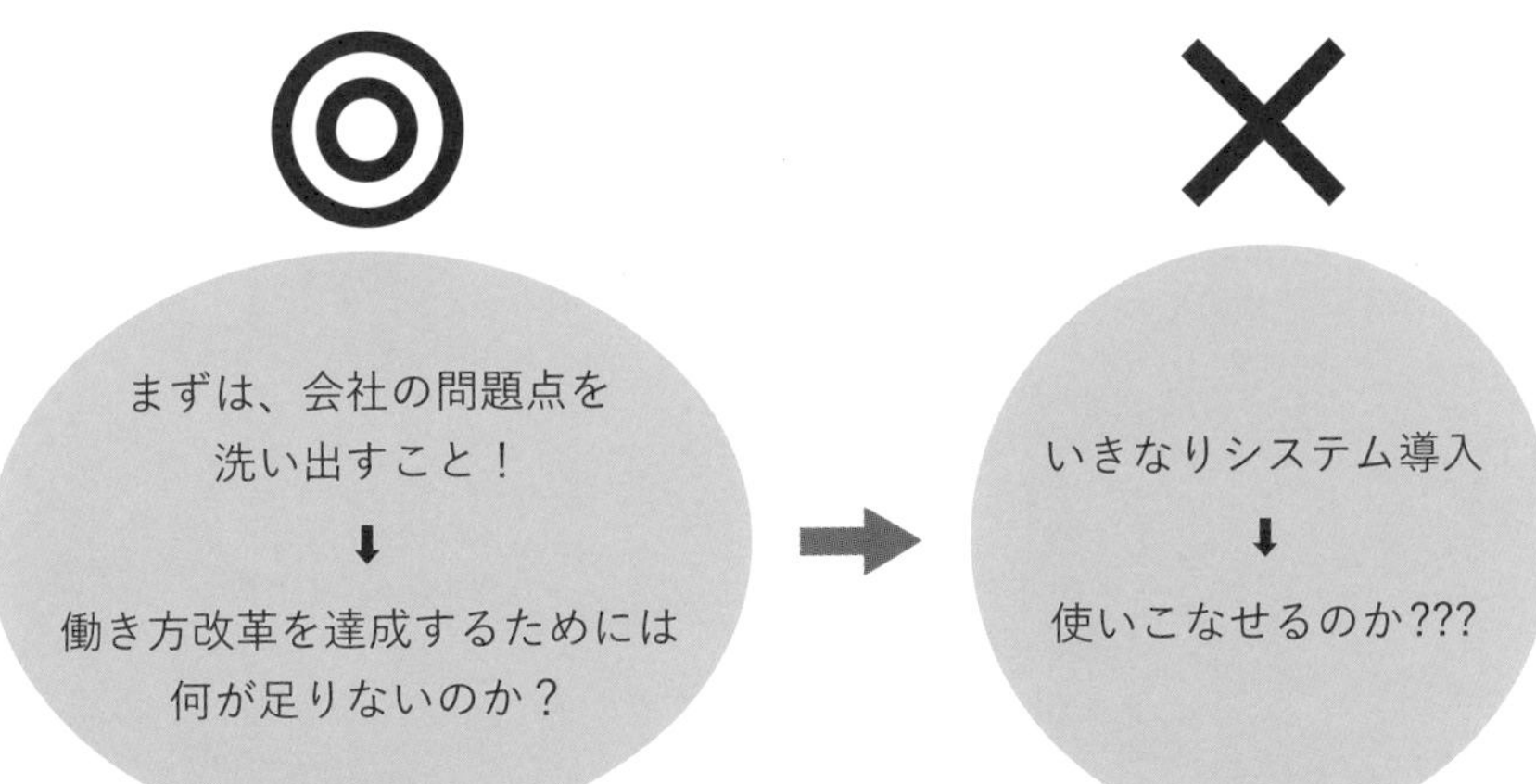

6-7 周りに働き方改革の専門家がいなくて困った

働き方改革を達成するのに、どんな専門家があなたの会社には必要そうでしょうか？　逆に働き方改革に向けた支援をしている専門家はいるのでしょうか？

むしろ専門家なんていらない!?

こう言っては、私の立場上、元も子もない話になってしまうのですが、働き方改革ができない原因さえ特定できれば、自社だけでも十分に対応可能だと思いますので、専門家の手助けなどは不要ではないでしょうか？

本書でも述べたとおり、例えば、労働時間が多い原因は、**赤字工事**を結果的にやっていることであり、会社の利益が少ないことから、会社を維持するために無理に従業員を働かせたりしていませんか？　といったようなことです。

原因を冷静に見ることができると、どうすれば働き方改革を実現できるかが、見えてきます。

そして、個々の会社によってこれらの原因が全く異なります。働き方改革の問題自体、すぐに解決するということは難しく、人の問題やお金の問題を個々の会社ごとに乗り越えた先に働き方改革が達成されるのであって、小手先だけで何かをやろうとしても結果的に上手くはいかないものです。

また、労働時間だけが多いことが問題だと思っていても、根本的に、元請業者が長時間労働を当たり前だと思ってやっているので、自分の会社も長時間労働はやむを得ない状態になっているみたいなこともあると思います。これについては、あなたの会社と元請業者との関係性にもよりますが、働き方改革の問題について一度話し合ってみるのも手段の一つでしょうし、改善できる余地がないかを今一度考え、その上で、元請業者に提案することもできるかもしれません。ただ、いずれにしても、自分の会社はある程度盤石でないといけませんので、あなたの会社が「**選ばれる会社**」であることが大前提にはなります。

今すぐの改善は難しいかもしれませんが、USPを磨く、実績を出すなどして、少しずつ自社のブランドをしっかりと築いていくことは非常に大切です。また、いくら磨いても、それを知ってもらえなければ、存在していないのと同じですので、少しずつ知ってもらうための取組（情報発信）をすることも大切です。

「選ばれる会社」であれば、正直なところ、仕事に困ることはないですし、利益率についても、改善することが今よりも容易になります。結果的に、働き方改革の実現は可能になります。ですから、自社にしかない強みを持ち、それを発信できるか否かがとても大切ということです。

これは元請業者、下請業者、どの立場であっても必須の考え方になりますので、4章を参考にUSPなどについて、再度考えてみてください。

USPがもたらす、働き方改革への影響

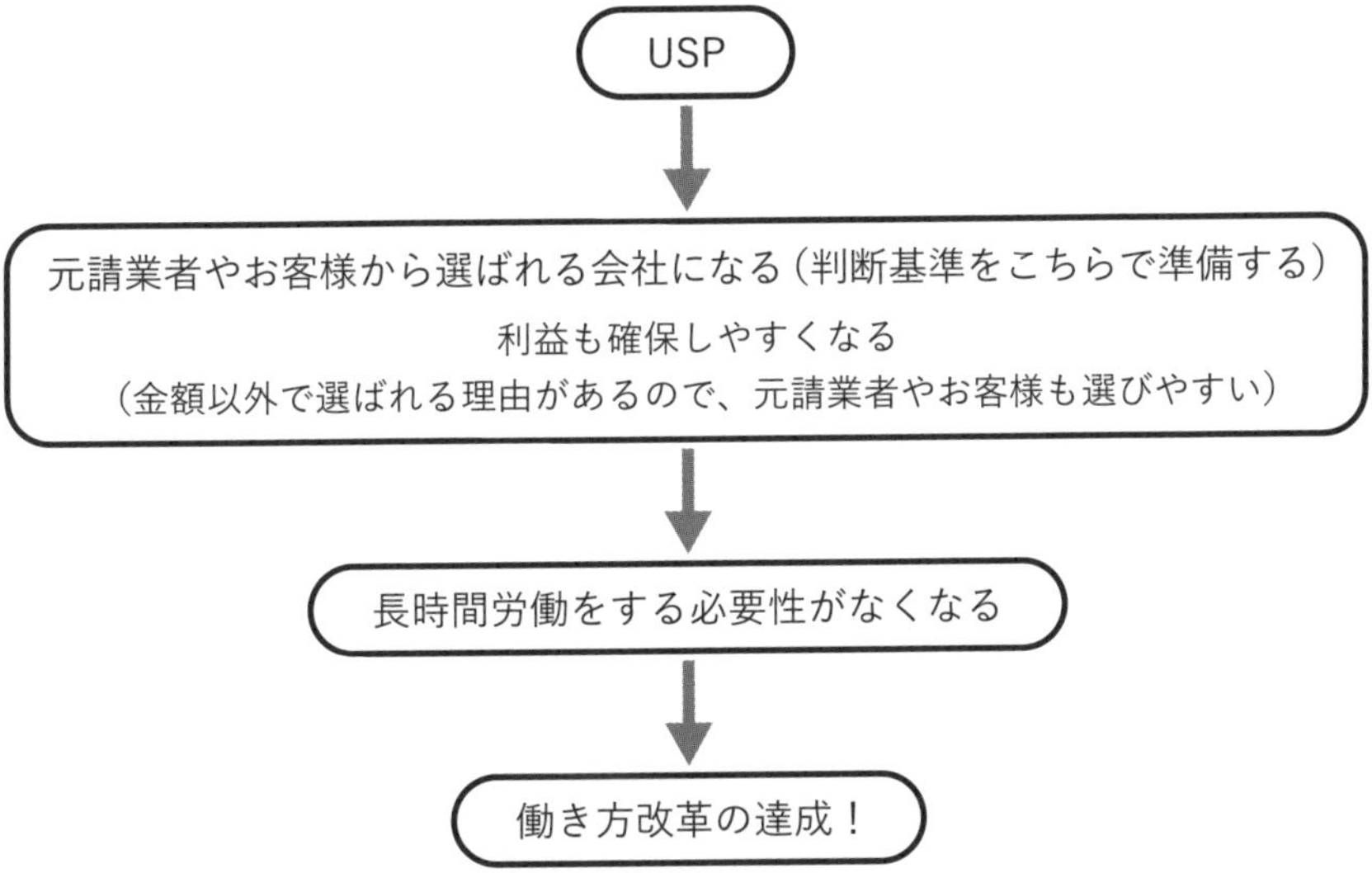

USP

↓

元請業者やお客様から選ばれる会社になる（判断基準をこちらで準備する）
利益も確保しやすくなる
（金額以外で選ばれる理由があるので、元請業者やお客様も選びやすい）

↓

長時間労働をする必要性がなくなる

↓

働き方改革の達成！

6-8 中小の建設会社の働き方改革のメリット

働き方改革に取り組まなければならないということは、長時間労働が常態化していることになります。このまま放っておくと、会社は大変なことになります。

働き方改革は建設業界には必要な改革

もうここまで来れば、ほとんど言葉は不要かもしれませんが、働き方に真摯に取り組む企業は、必ず**従業員の信頼**を勝ち取ることができると信じています。

「給料がたくさんもらえるから、日給制で、土日問わず働く」みたいな風潮は、すでに時代遅れです。ワークライフバランスに取り組める企業こそ、今後の日本で生き残れる中小企業の建設業者であると私は、自信を持ってお話できます。

今は、まだ**過重労働**でも生き残っている建設業者もたくさんいるかもしれませんが、ここから10年先にはそうはならないでしょう。それこそ、先ほど話していたDXも含めて、大きく時代が変わろうとしていますので、こういった時代に対応できるような若い世代の社員の確保が必須です。その中で、時代遅れの**労働環境**であれば、若い世代の人は絶対に定着しないと断言できます。

そして、今、人材を育てることができない会社は、きっとワークライフバランスとはかけ離れた状態が続き、数年後、**人材不足**でかなり苦しい経営状態になると思います。最悪のケースですと、人材不足による倒産もあり得ると思います。ですので、今20～40歳くらいまでの従業員がいない会社は本当に危機感を持つべきだと思います。時間外労働が多ければ多いほど、健康面で何かしらの異常をきたし、結果的に体の不調により、作業中に**労働災害**を起こすリスクが高くなります。これは医学的な知見からも明白です。そして、働き過ぎの人は、睡眠も十分にとれていないことから、知らず知らずのうちに生産性を下げています。ですので、労働環境をきちんと整備して、従業員が生産性を向上できるための環境づくりをすることも、経営者としての大切な仕事であることは間違いありません。

つまり、働き方改革により、従業員の労働時間を減少させることは、従業員の健康を守ることにつながり、健康を守ることができれば、労災などのリスクが減少するとともに、生産性が向上しますので、結果として利益も残りやすくなります。

そして、会社の外からは従業員がいきいきとしている魅力のある会社として映りますので、雇用の定着につながったりとメリットが非常に多いと言えます。

だからこそ、周りもやっていないからではなく、周りがやっていないからこそ、働き方改革に一刻も早く取り組んでいただきたいと思います。

脳・心臓疾患の労災認定フローチャート

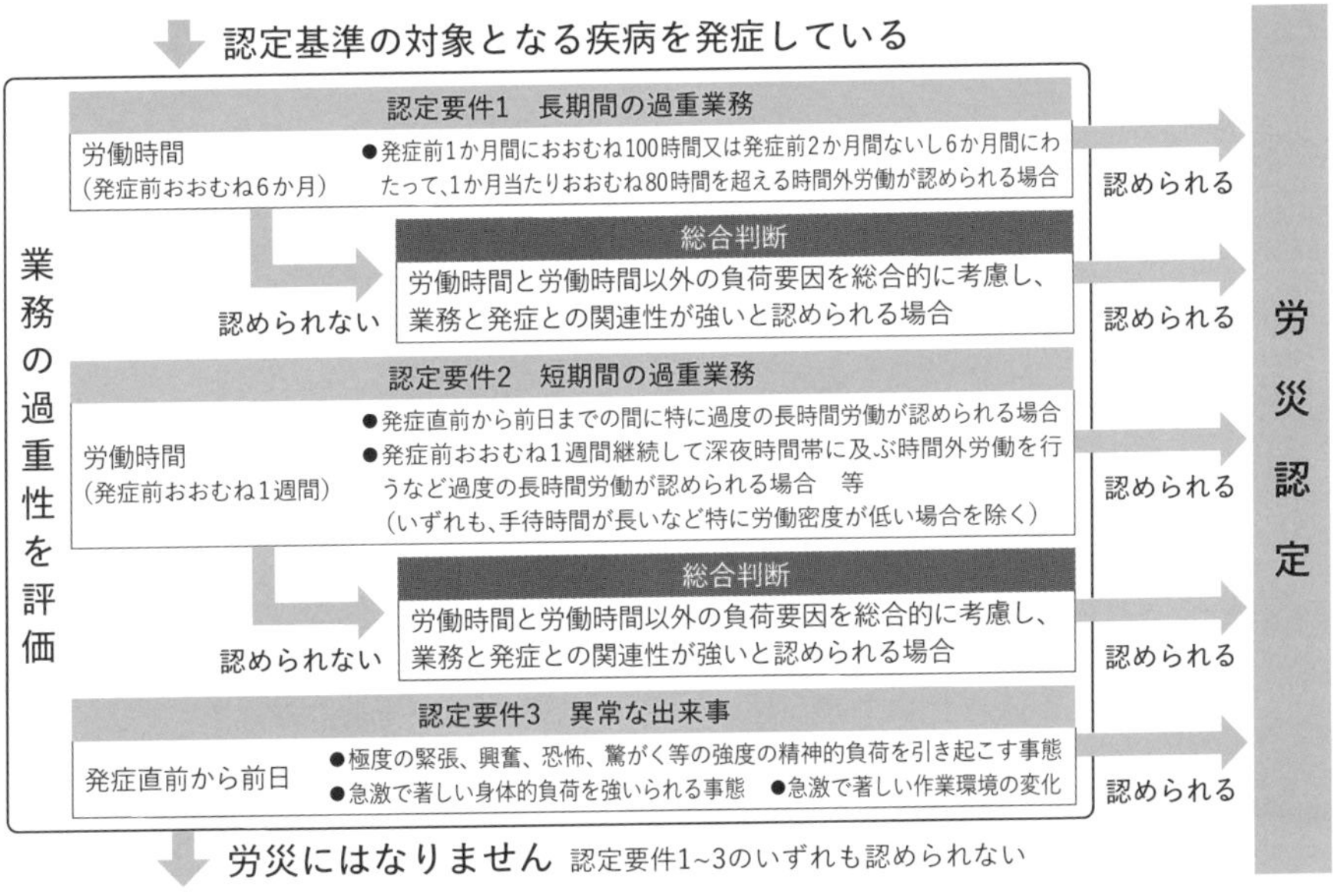

認定基準の対象となる疾病を発症している

業務の過重性を評価

認定要件1　長期間の過重業務

労働時間（発症前おおむね6か月）	●発症前1か月間におおむね100時間又は発症前2か月間ないし6か月間にわたって、1か月当たりおおむね80時間を超える時間外労働が認められる場合	認められる → 労災認定

認められない → **総合判断**：労働時間と労働時間以外の負荷要因を総合的に考慮し、業務と発症との関連性が強いと認められる場合 → 認められる → 労災認定

認定要件2　短期間の過重業務

労働時間（発症前おおむね1週間）	●発症直前から前日までの間に特に過度の長時間労働が認められる場合 ●発症前おおむね1週間継続して深夜時間帯に及ぶ時間外労働を行うなど過度の長時間労働が認められる場合　等 （いずれも、手待時間が長いなど特に労働密度が低い場合を除く）	認められる → 労災認定

認められない → **総合判断**：労働時間と労働時間以外の負荷要因を総合的に考慮し、業務と発症との関連性が強いと認められる場合 → 認められる → 労災認定

認定要件3　異常な出来事

発症直前から前日	●極度の緊張、興奮、恐怖、驚がく等の強度の精神的負荷を引き起こす事態 ●急激で著しい身体的負荷を強いられる事態　●急激で著しい作業環境の変化	認められる → 労災認定

労災にはなりません　認定要件1~3のいずれも認められない

6-9 働き方改革は人材の確保や新規の開拓になる

働き方改革に取り組む企業は、魅力的であることから、その取り組みに対して、優秀な人材が集まりやすくなります。また、それを見ている周囲の取引先からも声がかかりやすくなります。

働き方改革がうまくいけば会社もうまく回る

働き方改革は、「会社がなりたい姿を目指すもの」というのが本書のメッセージでした。

そして、経営者がこうなりたいといった姿や方針に感銘を受けて、集まる人材は出てきます。旗を立てないと、そこに人が集まることはないのです。まずは「こうなりたい」という旗を立てる必要があるのです。

それを声に出して行動に移すことで、この会社で働きたいと思ってもらえるわけです。**情報発信**しないと、優秀な人材がいても気付いてもらうことができませんので、旗を立てた後は、情報発信を行うことが何よりも大切です。

さらに、そういった取組を見ていた会社から取引の連絡が来ることもあります。現代社会において、法律に違反している会社とは取引を極力したくないというスタンスの企業が増えています。法律に違反していることで行政などからペナルティを科されることになれば、それに伴うダメージを一緒に受ける可能性もありますので、極力そういった企業とお付き合いしたくないというのも現代の風潮と言えるでしょう。

そのため、今後は、建設業界においても働き方改革を実践することが必須になるでしょうし、逆に積極的に取り組んでいる企業は、**優良な企業**と認識されるでしょう。

逆に、働き方改革に取り組んでいない、違法な長時間労働を行っている会社は相手にされなくなる可能性があるということを知っておく必要があります。

働き方改革を行う場合のメリットについて

コンプライアンスを守れる企業
➡ 取引先の信頼度UP
➡ 従業員の満足度向上

入社したい人の増加
（優秀な人材の確保）

さらなる生産性の向上に取り組めるなど多くのメリットあり！

働き方改革を行わない場合のリスクについて

コンプライアンスを守れない企業
➡ 法律違反で罰せられる可能性がある
➡ 加えて、企業名の公表などもある
➡ 信頼の失墜
➡ 倒産などのリスク

上記のような会社と付き合いたくない企業が増加する可能性がある

今のうちに、働き方改革を推進する必要がある！

COLUMN

まだ、諦めるのは早いですよ！時間はあります！

この本を読んでいる方が、どのタイミングで読んでいるかにもよりますが、もしかしたら、すでに働き方改革の法律が施行された後に読まれているかもしれません。

そんな方にも、一つお伝えしたいことがあります。「働き方改革を取り組むのに遅すぎるということはない」ということです。

結局のところ、現時点では、働き方改革を「時間外労働を削減するだけのもの」ととらえている人が多く、単に経営者が「早く帰れ」とか「残業はするな」とか、ノー残業デーを設置するといったほとんど意味のない行動をとるだけで、従業員から、かえって反発を食らうだけになってしまっているのが、建設業界に限らず、世の中全体でのお話ではあります。

そうではなく、この働き方改革を通じて、「自分の会社は将来に向けてこういった会社を目指す」というビジョンを明確にした上で、取り組めば、きっと違った結果になるはずなのです。

これには、本当に大きなエネルギーが必要になりますので、会社によっては、かなりの方向転換を余儀なくされることから、経営者を含め、社員も大変かもしれません。

しかし、これから先も会社を存続させていきたいと考えられているのであれば、避けては通れない問題です。

そして、諦めるのはまだ早いです。いま、ここから始めればいいのです。

法律で言う働き方改革は、時間外労働を減らすことで達成されますが、その前段階で、会社の方針について考える場面がきっと出てきます。

「どうしよう」とモヤモヤしているくらいであれば、是非、本書とともに、働き方改革の第一歩を踏み出してみませんか？

「どういった会社にしていきたいか」に想いを馳せつつ、できることを模索してみてください。嘆く前に、やるべきことはたくさんあります。

索　引

INDEX

た・な行

さ行

や・ら・わ行

は行

ま行

おわりに

本書をご購読いただき、本当にありがとうございました。

これまで、YouTubeなどのSNSやセミナーなどを通じて、建設業の働き方改革についてお話させていただく機会が多かったのですが、もっと多くの人に、働き方改革の必要性を「前向きな情報」として届けたいと思っていた所に、今回のお話をいただくことができました。今回の出版をするための機会を作ってくださった遠藤晃先生、また、私の企画を採用していただいた秀和システムの金澤様には本当に感謝しております。

この本をキッカケに、建設業の働き方改革へのイメージや考え方が変わり、「ちょっと頑張って取り組んでみようかな」と思っていただき、少しずつ実践して、自社の課題を解決することができる建設業者様が1社でも多く出て来てくれるのであれば、それほど嬉しいことはありません。

建設業の働き方改革は、地道に取り組んでいくしかないことも多いのですが、業界全体が、働き方改革に対して、もっと前向きになれるように本書が役に立てば本望です。

浜田佳孝（社会保険労務士・行政書士・ユーチューバー）

■著者略歴

浜田佳孝（はまだよしたか）

社会保険労務士・行政書士浜田佳孝事務所代表
Hamar合同会社代表社員

法学部出身でありながら、市役所の先輩や土木施工管理技士である父親の影響を受け、土木技術の凄さに興味を持ち、研鑽を積む。そして、市役所勤務の公務員時代には公共工事の監督員として、道路築造工事や造成工事などの設計・施工を担当した実績を持つ。建設現場を経験した士業は数少ないため、この経験を活かして、「本当に建設業界に寄り添える事務所」をモットーに起業を決意する。その後、1級土木施工管理技士所有の建設業専門の事務所として、建設業の労務管理・建設業許可・入札関係業務を主軸に、建設業の働き方改革・安全衛生コンサルティングを始めとした他の士業では行えないような「現場支援」業務も行っている。また、「建設業の働き方改革セミナー」を商工会主催で行ったりするなど、働き方改革に関する多くの相談を建設業者などから受けている。中小企業の建設業の経営者に向けたYouTubeチャンネルを開設しており、建設業界に関係する最新の知識やお役立ち情報などを日々発信中。

[当事務所のYouTubeチャンネル]
https://youtube.com/@sharoushidancer

■デザイン

金子　中

■本文イラスト

近藤妙子（nacell）

最新労働基準法対応版
建設業働き方改革即効対策マニュアル

発行日　2023年11月 1日　第1版第1刷

著　者　浜田　佳孝

発行者　斉藤　和邦
発行所　株式会社　秀和システム
〒135-0016
東京都江東区東陽2-4-2　新宮ビル2F
Tel 03-6264-3105（販売）Fax 03-6264-3094
印刷所　三松堂印刷株式会社　Printed in Japan

ISBN978-4-7980-7088-9 C2034